"十二五"职业教育国家规划教材
经全国职业教育教材审定委员会审定

新形态立体化
精品系列教材

CorelDRAW

图形设计

立体化教程

CorelDRAW X8

微课版

叶军 / 编著

COREL DRAW

U0390292

人民邮电出版社
北京

图书在版编目（CIP）数据

CorelDRAW图形设计立体化教程：CorelDRAW X8：微课版 / 叶军编著. -- 北京：人民邮电出版社，2022.8
新形态立体化精品系列教材
ISBN 978-7-115-58568-4

Ⅰ. ①C… Ⅱ. ①叶… Ⅲ. ①图形软件－教材 Ⅳ. ①TP391.413

中国版本图书馆CIP数据核字(2022)第015341号

内 容 提 要

本书采用项目教学法介绍使用 CorelDRAW X8 进行图形设计的相关知识。本书共 10 个项目，前 9 个项目对 CorelDRAW X8 的基础知识、对象管理、绘制与编辑线条、绘制与编辑图形、编辑图形轮廓与颜色、图形造型与边缘修饰、文本输入与处理、特殊效果应用、位图处理与文件输出等进行讲解；最后一个项目为综合实例，旨在进一步提高学生对 CorelDRAW X8 的应用能力。

本书每个项目分任务进行讲解，每个任务主要由任务目标、相关知识和任务实施 3 个部分组成，任务后配有相关实训内容。每个项目最后还有常见疑难解析，并配有相应的拓展知识和课后练习。本书着重于对学生实际应用能力的培养，通过将职业场景引入课堂教学，让学生提前进入工作角色，从而达到学习的目的。

本书既可作为职业院校"计算机图形设计"课程的教材，又可以作为社会培训学校用书，同时可供图形设计初学者参考学习。

♦ 编　著　叶　军
　　责任编辑　马小霞
　　责任印制　王　郁　焦志炜
♦ 人民邮电出版社出版发行　　　北京市丰台区成寿寺路 11 号
　　邮编　100164　　电子邮件　315@ptpress.com.cn
　　网址　https://www.ptpress.com.cn
　　大厂回族自治县聚鑫印刷有限责任公司印刷
♦ 开本：787×1092　1/16
　　印张：14.75　　　　　　　　2022 年 8 月第 1 版
　　字数：365 千字　　　　　　 2024 年 8 月河北第 3 次印刷

定价：56.00 元

读者服务热线：(010)81055256　印装质量热线：(010)81055316
反盗版热线：(010)81055315
广告经营许可证：京东市监广登字 20170147 号

前言

近年来，随着职业教育课程改革的不断深化，计算机硬件设备的不断推陈出新，计算机软件的不断升级，以及教学方式的不断进步，市场上很多教材的软件版本和教学结构等方面都已不再适合目前的教授和学习。教育信息化也推动了新形态教材的发展。

鉴于此，我们认真总结了教材编写经验，花费了3年时间深入调研各地、各类职业教育学校的教材需求，组织了一批优秀的、具有丰富教学经验和实践经验的编者团队来编写本套教材，以帮助各类职业院校快速培养优秀的技能型人才。为了更好地服务于广大教师和学生，我们根据一线教师的建议，在本书第1版的基础上进行了软件版本的升级，同时更换了部分过时的内容，并对原来的内容进行了优化和调整，新增了扫码查看微课视频。

本书全面落实立德树人根本任务，因势利导，依据专业课程的特点，以恰当方式自然融入课程思政元素，弘扬中华民族传统文化，体现人类文化积累和创新成果，坚定文化自信，放眼全球视野。本着"工学结合"的原则，本书在教学方法、教学内容和教学资源3个方面体现出自己的特色。

教学方法

本书精心设计"情景导入→任务实施→上机实训→常见疑难解析与拓展知识→课后练习"5段教学法。首先将职业场景引入课堂教学，激发学生的学习兴趣；然后在任务的驱动下，实现"做中学，做中教"的教学理念；最后有针对性地解答常见问题，并通过练习全方位帮助学生提升专业技能。

- **情景导入**：以情景对话方式引入项目主题，介绍相关知识点在实际工作中的应用情况及其与前后知识点之间的联系，让学生明确这些知识点的必要性和重要性。
- **任务讲解**：以实践为主，强调"应用"。每个任务先指出要做什么样的实例，制作的思路是怎样的，需要用到哪些知识点，然后讲解完成该实例必备的基础知识，最后按步骤详细讲解任务的实施过程。讲解过程中穿插有"多学一招""知识提示"2个小栏目。
- **上机实训**：结合任务讲解的内容和实际工作需要给出操作要求，提供适当的操作思路及步骤提示供参考，要求学生独立完成操作，以充分训练学生的动手能力。
- **常见疑难解析与拓展知识**：总结出学生在实际操作和学习中经常会遇到的问题并进行答疑解惑，通过拓展知识版块，学生可以深入、综合地了解一些应用知识。
- **课后练习**：结合该项目内容给出难度适中的上机操作题，通过练习，学生可以强化巩固所学知识，温故而知新。

教材特色

本书旨在帮助学生循序渐进掌握CorelDRAW X8的相关应用，并能在完成案例的过程中融会贯通，具体特点如下。

（1）立德树人，提高素养

党的二十大报告提出"全面贯彻党的教育方针，落实立德树人根本任务，培养德智体美劳全面发展的社会主义建设者和接班人"。本书精心设计,依据专业课程的特点采取了恰当方式自然融入中华传统文化、求知探索和环境保护等元素,弘扬精益求精的专业精神、职业精神和工匠精神,培养学生的创新意识,将"为学"和"为人"相结合。

(2)校企合作,双元开发

本书由学校教师和企业工程师共同开发。由企业提供真实项目案例,由常年深耕教学一线、有丰富教学经验的教师执笔,

将项目实践与理论知识相结合,体现了"做中学,做中教"等职业教育理念,保证了教材的职教特色。

(3)项目驱动,产教融合

本书精选企业真实案例,将实际工作过程真实再现到本书中,在教学过程中培养学生的项目开发能力。以项目驱动的方式展开知识介绍,提升学生学习和认知的热情。

(4)创新形式,配备微课

本书为新形态立体化教材,针对重点、难点,录制了微课视频,可以利用计算机和移动终端学习,实现了线上线下混合式教学。

平台支撑

人民邮电出版社充分发挥在线教育方面的技术优势、内容优势、人才优势,潜心研究,为读者提供"纸质图书+在线课程"相配套,全方位学习CorelDRAW软件的方式。读者可根据个人需求,利用图书和"微课云课堂"平台上的在线课程进行碎片化、移动化的学习,以便快速、全面地掌握CorelDRAW及与之相关的其他软件。

扫描封面上的二维码或者直接登录"微课云课堂"(www.ryweike.com)→用手机号码注册→在用户中心输入本书激活码(0d414dc4),将本书包含的微课资源添加到个人账户,即可获取永久在线观看本课程微课视频的权限。

此外,购买本书的读者还将获得一年期价值168元的VIP会员资格,可免费学习50000个微课视频。

教学资源

本书的教学资源包括以下两方面的内容。

(1)教学资源包

教学资源包中包含书中实例涉及的素材与效果文件、各任务实施和上机实训的操作演示视频,以及PPT教案、教学教案(备课教案、Word文档)和模拟试题库等。其中,模拟试题库含有丰富的CorelDRAW图形设计的相关试题,题型包括填空题、单项选择题、多项选择题、判断题和操作题等,教师可以自由组合出不同的试卷进行测试,以便顺利开展教学工作。

(2)教学扩展包

教学扩展包中有方便教学的拓展资源,包含各种设计素材等。

特别提醒:上述教学资源可访问人邮教育社区(https://www.ryjiaoyu.com/)搜索下载。

虽然编者在编写本书的过程中倾注了大量心血,但恐百密之中仍有疏漏,恳请广大读者不吝赐教。

编 者
2023 年 5 月

目录

项目六　图形造型与边缘修饰　125

项目七　文本输入与处理　143

项目八　特殊效果应用　161

项目九　位图处理与文件输出　189

项目十 综合实例——VI设计 211

项目一
初识 CorelDRAW X8

01

情景导入

　　米拉告诉老洪自己想做一个平面设计师，老洪想了想，告诉他可以从学习 CorelDRAW X8 开始。CorelDRAW X8 是目前常用的矢量图形设计软件，可进行图形绘制、文本编辑和图形效果制作，被广泛应用于广告设计、印刷、企业形象设计、工业造型设计和建筑装潢设计等众多领域。米拉说："原来 CorelDRAW 这么强大呀！那我可得好好学习！"

学习目标

● 掌握蛋糕店名片的制作方法
　如 CorelDRAW X8 工作界面设置与文件管理的方法。

● 掌握旅游画册内页页面的布局方法
　如页面设置，标尺、辅助线与网格设置，插入、再制与重命名页面，图层排序的方法。

素质目标

　　培养平面设计的兴趣，熟悉图形设计流程，提高艺术修养。

案例展示

▲ 制作蛋糕店名片

▲ 设计旅游画册内页

任务一　制作蛋糕店名片

名片在日常生活中主要用于宣传自己或宣传企业，在设计名片时可以参考一些优秀的名片模板，简化名片设计过程。

一、任务目标

本任务将制作蛋糕店名片，制作时先创建模板文件，然后根据需要修改模板的背景、标志和文本等内容，最后对制作的名片进行保存并导出为图片，关闭文件完成制作。通过本任务的学习，读者可掌握 CorelDRAW X8 的基本操作方法，包括启动与退出 CorelDRAW X8，新建、保存、导入、关闭文件等相关操作。本任务制作完成后的效果如图 1-1 所示。

图 1-1　蛋糕店名片

| 素材所在位置 | 素材文件 \ 项目一 \ 任务一 \ 标志 .png、名片底纹 .tif |
| 效果所在位置 | 效果文件 \ 项目一 \ 任务一 \ 蛋糕店名片 .cdr |

扫一扫

高清大图

二、相关知识

由于是初次使用 CorelDRAW X8，因此在完成本任务前，需要对 CorelDRAW X8 的工作界面、自定义工作环境、平面设计的相关概念等进行了解，下面对其进行简单介绍。

（一）认识 CorelDRAW X8 的工作界面

进入 CorelDRAW X8 的工作界面之前，需要启动 CorelDRAW X8。选择【开始】/【所有程序】/【CorelDRAW Graphics Suite X8】/【CorelDRAW X8】菜单命令，或双击桌面上的 CorelDRAW X8 快捷图标，即可启动 CorelDRAW X8，之后将会打开欢迎屏幕窗口，如图 1-2 所示。

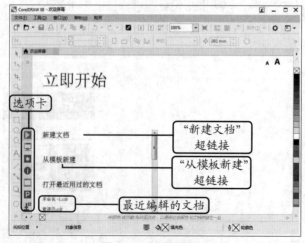

图 1-2　欢迎屏幕窗口

欢迎屏幕窗口中各板块含义如下。

● **"新建文档"超链接：**单击该超链接，将以当前软件默认的模板来新建一个图形文件。

● **"从模板新建"超链接：**单击该超链接，在打开的"从模板新建"对话框中选择一个模板样式，可在该模板基础上进行设计。

● **最近编辑的文档：**初次使用 CorelDRAW X8 时该区域是空白的，编辑过文件后，再次启动时将显示曾经编辑过的文件的文件名，单击文件名超链接后，在左侧的两个区域内将显示出该文档的缩略图和文档信息，再次单击可快速打开编辑过的文件。

● **选项卡：**从上到下依次为"立即开始" ▶、"工作区" ▣、"新增功能" ✳、"学习"
ⓘ、"灵感" ▣、"产品详细信息" ℗ 和"获取更多" ⬇ 按钮，单击不同的按钮，出现的内容也不相同，用户可以根据需要单击所需的按钮。

多学 一招	**文件兼容方式**
	在使用 CorelDRAW 时，可在高版本的软件中打开在低版本的软件中制作的 CorelDRAW 文件，如在 CorelDRAW X8 中可以打开在 CorelDRAW X7 中制作的文件，但不能打开在 CorelDRAW 2019 中制作的文件。

新建或打开文件后，将进入 CorelDRAW X8 的工作界面，如图 1-3 所示。

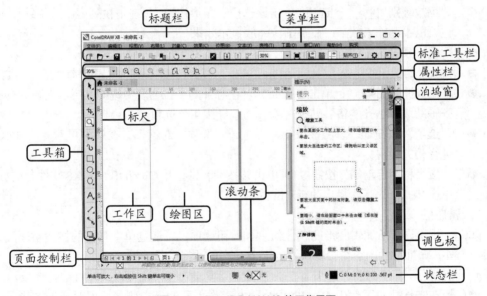

图 1-3　CorelDRAW X8 的工作界面

下面分别介绍 CorelDRAW X8 工作界面的各组成部分。

1. **标题栏与菜单栏**

标题栏用于显示 CorelDRAW 软件的名称和当前打开文件的名称。菜单栏包含 CorelDRAW X8 的所有操作命令，单击某一菜单项将打开其下拉列表，下拉列表中部分命令与标准工具栏中对应图标按钮具有相同的功能。

2. **标准工具栏**

标准工具栏位于菜单栏的下方，提供了用户经常使用的一些按钮，单击这些按钮即可执行相应的操作，让操作更加方便、快捷，如图 1-4 所示。其中相关按钮介绍如下。

图 1-4　标准工具栏

- **"新建"按钮**：单击该按钮可创建一个新文件。
- **"打开"按钮**：单击该按钮可打开一个已经存在的文件。
- **"保存"按钮**：单击该按钮可保存当前编辑的文件。
- **"打印"按钮**：单击该按钮可打印当前文件。
- **"剪切"按钮**：单击该按钮可将所选内容剪切到剪贴板中。
- **"复制"按钮**：单击该按钮可将所选内容复制到剪贴板中。
- **"粘贴"按钮**：单击该按钮可将剪贴板中的内容粘贴到当前文件中。
- **"撤消"按钮**：单击该按钮可撤销上一步的操作。
- **"重做"按钮**：单击该按钮可恢复上一步撤销的操作。
- **"搜索内容"按钮**：单击该按钮可使用 Corel Connect 泊坞窗搜索剪贴画、照片和字体。
- **"导入"按钮**：单击该按钮可导入图像等外部文件。
- **"导出"按钮**：单击该按钮可导出当前文件或所选择的对象。
- **"发布为 PDF"按钮**：单击该按钮，可将文件导出为 PDF 文件格式。
- **"缩放级别"选项**：单击该选项三角形按钮，可在下拉列表中选择缩放选项，也可以手动输入数字，设置图像缩放显示效果。
- **"全屏预览"按钮**：单击该按钮可全屏显示当前页面中的对象。
- 该组按钮分别为"显示标尺"、"显示网格"、"显示辅助线"按钮。
- **"贴齐"按钮**：单击该按钮，可在打开的下拉列表中选择贴齐的对象，包括贴齐辅助线、贴齐网格、贴齐对象、动态导线 4 个选项。
- **"选项"按钮**：单击该按钮，可打开"选项"对话框，在其中可对 CorelDRAW 进行相关设置。
- **"应用程序启动器"按钮**：单击该按钮，将打开 CorelDRAW X8 软件包的程序，单击某一个程序后将启动相对应的程序。

3．属性栏

属性栏用于显示所编辑图形的属性信息和按钮选项，可通过单击其中的按钮对图形进行编辑。另外，属性栏的内容会根据所选的对象或当前选择工具的不同而出现差异。

4．调色板

调色板在默认状态下位于 CorelDRAW X8 工作界面的最右侧，用于对所选图形对象的内部或轮廓进行颜色填充。在调色板中可以进行以下操作。

- 将鼠标指针移到调色板中的任一颜色块上，按住鼠标左键，将会打开一个由该颜色延伸的相近颜色选择框，如图 1-5 所示。
- 选择图形对象，单击调色板中所需的颜色块可为图形内部填充相应的颜色，如图 1-6 所示。
- 选择图形对象，右击调色板中所需的颜色块可填充图形轮廓的颜色，如图 1-7 所示。
- 选择图形对象，单击调色板顶端的按钮，可取消对图形对象内部的颜色填充，右击该按钮可取消对图形对象轮廓的颜色填充。

● 单击调色板下方的 ∨ 按钮，可将调色板向下滚动，从而显示出其他更多的颜色块；单击调色板下方的 » 按钮，则可以显示出调色板中的所有颜色块。

图 1-5　相近颜色选择框　　　图 1-6　填充图形内部的颜色　　　图 1-7　填充图形轮廓的颜色

5．工具箱

工具箱位于 CorelDRAW X8 工作界面的最左侧，用于放置 CorelDRAW X8 中的各种绘图或编辑工具。其中，每一个按钮表示一种工具，将鼠标指针移动到工具上，将会显示该工具的名称和功能说明。由于工具较多，CorelDRAW X8 将相近功能的工具放到一个工具组中，工具组按钮右下角有"◢"符号，单击该符号或在该工具上按住鼠标左键，即可展开工具组并显示子工具及其工具名称。图 1-8 所示为工具箱的工具以及手绘工具的子工具。

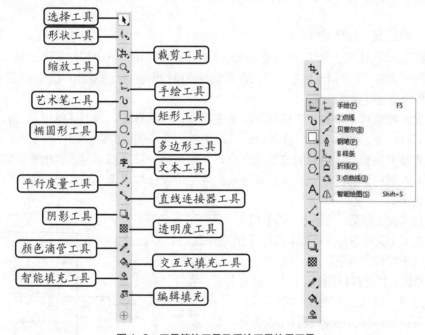

图 1-8　工具箱的工具及手绘工具的子工具

6．工作区和绘图区

工作区中间的区域用于绘制与编辑图形。绘图区是指 CorelDRAW X8 的工作区中带有阴影的矩形区域，用户可以根据需要在属性栏中设置绘图区的大小和方向。绘图区内的图形能被打印，而工作区内的图形不能被打印。工作区的图形不受页面的限制，主要用于放置需要在绘图区中参考或调用的对象，以方便查看绘图区的效果。

7．泊坞窗

泊坞窗位于调色板左侧，它将常用的符号、功能和管理器以交互式对话框的形式提供给用户。单击泊坞窗右上角的 ▶▶ 按钮可以将泊坞窗折叠，单击 ✕ 按钮可以关闭所有泊坞窗。

选择【窗口】/【泊坞窗】菜单命令下的子菜单命令，可打开任意一种泊坞窗。当打开多个泊坞窗后，除了当前泊坞窗外，其他泊坞窗将以标签的形式显示在泊坞窗右侧边缘，单击相应的选项卡可切换到相应的泊坞窗。

8．标尺

标尺是对于精确制作图形非常重要的辅助工具，它由水平标尺和垂直标尺组成。在标尺上按住鼠标左键，向绘图区拖动即可得到一条辅助线。

9．滚动条

滚动条用于滚动显示绘图区，分为水平滚动条和垂直滚动条。当放大显示绘图区后，有时页面将无法显示所有的对象，通过拖动滚动条可以显示被隐藏的部分。

10．页面控制栏

在CorelDRAW X8中，一个图形文件可以有多个页面。用户可以通过页面控制栏新建页面、删除页面、选择页面、调整页面的前后位置等。

11．状态栏

状态栏位于CorelDRAW X8工作界面的最下方，它会随操作的变化而变化，主要用于显示当前操作或操作提示信息，包括鼠标指针的位置、所选择对象的大小、填充色、轮廓色等信息。

（二）自定义工作环境

为了满足不同用户的编辑需要，CorelDRAW X8允许用户更改工作界面的显示效果，如显示或隐藏菜单栏、工具箱或标准工具栏，调整泊坞窗与调色板的位置与大小，自定义工作区，等等，下面分别进行介绍。

● **显示或隐藏菜单栏、工具箱或标准工具栏**：将鼠标指针移至菜单栏、工具箱或标准工具栏上，然后右击，在弹出的快捷菜单中选择相应的命令即可。

● **调整泊坞窗与调色板的位置与大小**：将鼠标指针移至泊坞窗或调色板顶端，按住鼠标左键可调整其位置。将其拖动成悬浮泊坞窗或悬浮调色板后，可拖动四角调整其大小。

● **自定义工作区**：选择【工具】/【自定义】菜单命令，或按【Ctrl+J】组合键打开"选项"对话框，在对话框的左侧选择【工作区】/【自定义】选项，通过选择所需设置的选项，可在对话框的右侧设置该选项相应的参数。如选择命令栏的"工具箱"选项，可在右侧的面板中设置工具箱的按钮大小、按钮外观、是否显示浮动式工具栏的标题、是否锁定工具栏等，如图1-9所示。完成设置后单击 确定 按钮确定设置。

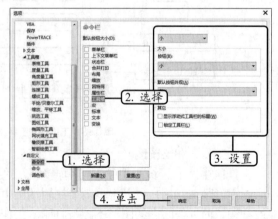

图1-9　自定义工作区

（三）认识平面设计的相关概念

认识平面设计的相关概念，有助于用户学习与使用CorelDRAW进行平面设计。平面设计的相关概念包括矢量图与位图、分辨率、色彩模式、文件格式等，下面分别进行介绍。

1. 矢量图与位图

在平面设计中，图像大致可以分为矢量图和位图两种。两者的含义分别如下。

● **矢量图**：矢量图又称为向量图，由 CorelDRAW 和 Illustrator 等矢量绘图软件制作，由点、线、面组合而成，其组合的元素具有独立的形状和颜色，且无法通过扫描仪或数码相机获得，常用于标志、名片、花纹等设计。其特点是占用空间小，缩放后具有平滑的边缘，且不会失真。图 1-10 所示为矢量图放大前后的对比效果。

● **位图**：位图又称为点阵图，可通过扫描仪和数码相机获得，也可通过 Photoshop 等图像处理软件生成，表现为多个像素点的集合，每个像素点都能记录一种色彩信息。其优点是能表现出色彩绚丽的图像效果，缺点是放大后会产生失真现象。图 1-11 所示为位图放大前后的对比效果。

图 1-10　矢量图放大前后的对比效果

图 1-11　位图放大前后的对比效果

2. 分辨率

分辨率是指图像中的像素数量，其度量单位为像素 / 英寸。在位图中色彩越丰富，像素就越多，分辨率也就越高，文件也就越大。因此在处理位图时，分辨率的大小会影响最终输出文件的质量和大小。

要使印刷出的成品中图像较为清晰（指一般 A4 大小），分辨率一般设置为 300dpi 即可。

3. 色彩模式

色彩模式是用数据表示色彩的一种方式，正确的色彩模式可以使图形、图像在屏幕或印刷品上正确地显现出来，在 CorelDRAW 中设置调色板和进行颜色填充时都将涉及它的使用。CorelDRAW 支持的色彩模式有 RGB 模式、CMYK 模式、HSB 模式、索引模式、Lab 模式、灰度模式、黑白模式等，其具体介绍分别如下。

● **RGB 模式**：RGB 模式属于真彩色模式，计算机显示器上产生的颜色即 RGB 色。RGB 色分别代表红色（Red）、绿色（Green）、蓝色（Blue）3 种颜色。用户可按不同的比例混合这 3 种颜色。3 种颜色各自有 256 个亮度水平级，3 种颜色相叠加，可产生 1670 多万种颜色。

● **CMYK 模式**：CMYK 模式属于目前标准的印刷模式。CMYK 色分别由青色（Cyan）、品红色（Magenta）、黄色（Yellow）、黑色（Black）4 种颜色叠加而成。CMYK 模式属于减色叠加模式，通过反射某些颜色的光并吸取另外一些颜色的光来产生不同的颜色。在默认设置下，CorelDRAW 的色彩模式为 CMYK 模式。

● **HSB 模式**：HSB 模式是根据颜色的色相（Hue）、饱和度（Saturation）、亮度（Brightness）来定义颜色的。其中，色相是物体的本身颜色，是指从物体反射进入人眼的波长光度，不同波长的光，显示为不同的颜色；饱和度又叫纯度，指颜色的鲜艳程度；亮度是指颜色的明暗程度。

● **索引模式**：索引模式也称映射色彩模式。该模式最多只有 256 种颜色，可实现特殊效果及专用。

- **Lab 模式：** Lab 模式是一种国际色彩标准模式，该模式将图像的亮度与色彩分开，由 3 个通道组成，L 通道是透明度通道，其他两个通道是色彩通道，即色相（a）和饱和度（b）。在 Lab 模式下，L 通道的范围为 0% ~ 100%；a 通道的色彩范围为从绿色到灰色，再到红色；b 通道的色彩范围为从蓝色到灰色，再到黄色。
- **灰度模式：** 灰度模式可表现丰富的色调，形成最多 256 级的灰阶。灰度模式没有色彩，将一个彩色文件转换为灰度模式后，所有的色彩信息将从文件中消失。
- **黑白模式：** 该模式可反映明暗值，表现出怀旧的气息，广泛用于数码相机，只有黑、白两种颜色。

> **多学一招** **选择其他色彩模式**
> 在 CorelDRAW X8 中，选择【位图】/【模式】菜单命令，在打开的子菜单中可将选择的图像转换为其他色彩模式。

4. 文件格式

不同软件制作的文件有不同的文件格式，通常可以通过其扩展名来进行区分，如扩展名为 .cdr 的文件表示 CorelDRAW 格式文件。在 CorelDRAW 中保存或导出文件时，可以生成多种不同格式的文件，主要包括以下几种。

- **CDR 格式：** CDR 格式是标准的 CorelDRAW 文件格式，同时是常见的矢量图文件格式之一。CDR 文件可以存储对象的形状、颜色、大小等信息。
- **AI 格式：** AI 格式是 Illustrator 软件的标准文件格式。该格式与 CDR 格式类似，是矢量图文件格式之一，可以在 CorelDRAW 中导入并编辑。
- **WMF 格式：** WMF 格式同时支持矢量图和位图，是较常用的图元文件格式，其缺点是最大只支持 16 位，而 CDR 格式支持 32 位。因此在 CorelDRAW 中，当文件存储为 WMF 格式后，对象的细节会有丢失的现象。
- **TIFF（TIF）格式：** 标志图像文件格式（Tagged ImageFile Format，TIFF），是在 Macintosh 上开发的一种图形文件格式，该格式支持 RGB、CMYK、Lab 等绝大多数色彩模式，并支持背景透明，即 Alpha 通道。
- **JPG（JPEG）格式：** JPEG 通常简称 JPG，是目前非常流行的图像文件格式。该格式实际上是以 BMP 格式为基准，在图像失真较小的情况下，会对图像进行较大的压缩，在压缩过程中丢失的信息并不会严重影响图像质量，但会丢失部分肉眼不易察觉的数据，所以不宜使用此格式进行印刷。
- **GIF 格式：** GIF 格式可进行 LZW 压缩，使图像文件占用较少的磁盘空间。该格式可以支持 RGB、灰度、索引等色彩模式。
- **BMP 格式：** BMP 格式是一种标准的点阵式图像文件格式，它支持 RGB、索引、灰度等色彩模式，但不支持 Alpha 通道。
- **PSD 格式：** PSD 格式主要由 Photoshop 图像软件生成，特点是支持层和通道的操作，并且支持 Alpha 通道，可存储为 RGB 模式或 CMYK 模式等。
- **CMX 格式：** CMX 格式也属于 CorelDRAW 文件格式，是一种图元文件格式，它支持位图和矢量图以及 PANTONE、RGB 和 CMYK 全色范围。对一些转换为曲线（简称转曲）的 CorelDRAW 文件来说，存储后较大，打开速度较慢，可以将其另存为 CMX 格式，这样，无论文件有多大，都能快速打开，并且该格式可以用于印刷。

● **EPS 格式**：EPS 格式是目前桌面印刷系统普遍使用的通用交换格式中的一种综合格式，对目前的印刷行业来说，使用这种格式生成的文件不会轻易出现什么问题，且可用于大部分专业软件。

> **多学一招**
> **部分文件格式的使用方法**
> 在 CorelDRAW 中，可以直接打开或存储的文件格式有 CDR、AI、WMF 和 CMX 等，其他部分文件格式可以通过导入或导出的方式来设置，从而实现资源的交换和共享。

三、任务实施

（一）启动 CorelDRAW X8 并从模板新建文件

制作文件前需启动 CorelDRAW X8 并新建文件。从模板新建文件是指创建已有页面设置、文本、图片等信息的文件，再通过更改模板文件中的图片、文本等快速新建需要的文件。下面将新建名片的模板文件，其具体操作如下。

启动 CorelDRAW X8 并从模板新建文件

（1）选择【开始】/【所有程序】/【CorelDRAW Graphics Suite X8】/【CorelDRAW X8】菜单命令，启动 CorelDRAW X8，如图 1-12 所示。

（2）在打开的欢迎屏幕窗口中单击"从模板新建"超链接，或选择【文件】/【从模板新建】菜单命令来选择新建文件类型，如图 1-13 所示。

图 1-12　启动 CorelDRAW X8

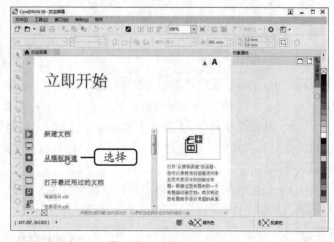

图 1-13　选择新建文件类型

（3）打开"从模板新建"对话框，在"模板"下拉列表框中选择"本地"选项，在左侧的"查看方式"下拉列表框中选择"类型"选项，在下方的列表框中选择"名片"选项，在模板中选择名片样式，单击 打开(O) 按钮，如图 1-14 所示。

（4）在打开的工作界面中查看新建的名片模板文件效果，如图 1-15 所示。

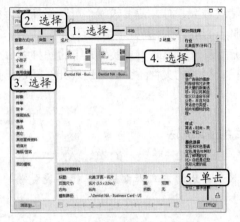

图 1-14　"从模板新建"对话框　　　　　　　　图 1-15　查看新建的名片模板文件效果

（二）导入素材图形并修改模板

从模板新建文件后，可通过导入标志和背景、设置文本格式等方式来修改模板文件，使其满足要求，其具体操作如下。

（1）在工具箱中单击选择工具 ，分别单击标志组合、色块和花朵图像，按【Delete】键删除。双击矩形工具 创建一个与页面相同大小的矩形，填充为粉红色（R:255,G:223,B:234），并单击调色板上方的"无填充" 按钮取消轮廓，如图 1-16 所示。

微课视频

导入素材图形
并修改模板

（2）绘制一个较小的矩形，在属性栏中设置"轮廓宽度"为 3pt，轮廓颜色为淡蓝色（R:227,G:241,B:255），并将矩形填充为粉红色（R:255,G:241,B:255），如图 1-17 所示。

图 1-16　绘制背景　　　　　　　　　　　　图 1-17　绘制矩形外框

（3）选择【文件】/【导入】菜单命令或按【Ctrl+I】组合键，打开"导入"对话框，选择导入文件的路径，再选择导入的"名片底纹 .tif"文件，如图 1-18 所示。单击 导入 按钮导入文件。

（4）在页面的淡蓝色边框左侧按住鼠标左键拖动鼠标指针至右侧边框线，绘制导入图片区域，如图 1-19 所示。

多学
一招　　　　　　　　　　　　　**导入图片技巧**

　　　选择导入的图片，返回工作界面后，直接单击，导入的图片将以单击点为中心，以原始尺寸大小导入工作区。若在"导入"对话框中按住【Ctrl】键并单击需要导入的多个文件，再单击 导入 按钮，可在绘图区中依次单击或拖动鼠标导入选择的所有图片。

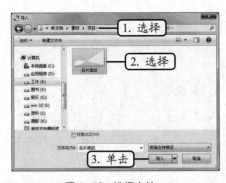

图 1-18　选择文件

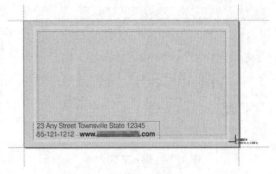

图 1-19　绘制导入图片区域

（5）释放鼠标将在虚线框内导入背景底纹，效果如图 1-20 所示。

（6）在底纹图片上右击，在弹出的快捷菜单中选择【顺序】/【向后一层】，将其置于蓝色边框下层，如图 1-21 所示。

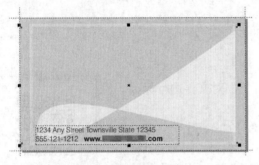

图 1-20　导入背景底纹的效果

图 1-21　调整对象顺序

（7）在工具箱中单击选择工具，双击文本框，进入文本编辑状态，在其中修改文本内容，并将文本填充为土红色（R:121,G:76,B:97），如图 1-22 所示。

（8）选择矩形工具，在文本框上方绘制一个较小的矩形，填充为淡蓝色（R:227,G:241,B:255），再选择文本工具，在文本上方再输入两行文本，如图 1-23 所示。

图 1-22　修改文本

图 1-23　输入文本

（9）选择文本工具，在名片右下方输入电话和邮箱等信息文本，如图 1-24 所示。

（10）按【Ctrl+I】组合键，打开"导入"对话框，选择导入文件的路径，再选择导入的"标志 .png"文件，单击 导入 按钮导入文件，在名片右上方拖动鼠标绘制大小合适的虚线框，释放鼠标在虚线框内导入标志，如图 1-25 所示。

图 1-24　输入文本

图 1-25　导入标志

多学
一招

同时编辑多个文件的切换方法

　　如果需要同时编辑多个文件，则需要在多个文件窗口之间进行切换，切换文件的方法主要有以下两种。

　　① 单击要切换文件的标题栏，即可将该文件切换到当前编辑状态。

　　② 在"窗口"菜单中可将所选文件切换为当前编辑状态。

（三）保存、导出与关闭文件

　　经过上面的操作后，名片已经制作完成，下面对文件进行保存、导出和关闭，其具体操作如下。

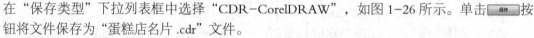

微课视频

保存、导出与关闭
文件

　　（1）选择【文件】/【保存】菜单命令或按【Ctrl+S】组合键，或直接单击标准工具栏中的"保存"按钮 🖫，打开"保存绘图"对话框。

　　（2）在"保存绘图"对话框中选择要保存的磁盘，再双击打开要保存的文件夹，然后在"文件名"文本框中输入文件名称"蛋糕店名片"，在"保存类型"下拉列表框中选择"CDR-CorelDRAW"，如图 1-26 所示。单击 保存 按钮将文件保存为"蛋糕店名片 .cdr"文件。

　　（3）选择【文件】/【导出】菜单命令或按【Ctrl+E】组合键，打开"导出"对话框。

　　（4）在"导出"对话框中选择文件导出的路径，在"文件名"文本框中输入文件名称"蛋糕店名片"，然后在"保存类型"下拉列表框中选择"JPG-JPEG 位图"，如图 1-27 所示。

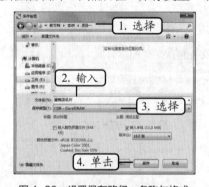

图 1-26　设置保存路径、名称与格式

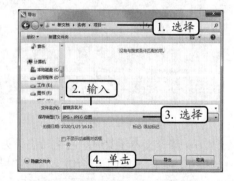

图 1-27　设置导出路径、名称与格式

　　（5）单击 导出 按钮打开"导出到 JPEG"对话框，根据需要在右侧设置"颜色模式""质量"等选项，这里保持默认设置，如图 1-28 所示。单击 确定 按钮完成导出。

（6）选择【文件】/【退出】菜单命令或按【Alt+F4】组合键，或单击标题栏中的 × 按钮可退出 CorelDRAW X8。

（7）打开"蛋糕店名片.jpg"文件可查看图片内容，效果如图 1-29 所示。

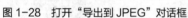

图 1-28　打开"导出到 JPEG"对话框

图 1-29　图片效果

多学一招

保存文件的多种方式

只有首次进行保存时才会打开"保存绘图"对话框，再次保存可将新绘制的图形或修改后的效果直接保存。此外还有以下几种保存方式。

① 选择【文件】/【另存为】菜单命令，或按【Ctrl+Shift+S】组合键，打开"保存绘图"对话框，根据保存图形文件的方法设置新的文件名或新的保存路径。

② 如需要只保存图形文件中选定的图形，可在选择图形对象后，在打开的"保存绘图"对话框中勾选"只是选定的"复选框。

③ 在"保存绘图"对话框的"版本"下拉列表框中选择保存版本时，可尽量选择低版本，如选择"11.0 版"选项保存后，该文件就可以在 CorelDRAW 11.0 及以上版本中打开。

④ 按【Ctrl+J】组合键打开"选项"对话框，在对话框的左侧选择【工作区】/【保存】选项，在右侧可设置自动备份保存的时间间隔与备份文件的保存位置，如图 1-30 所示。

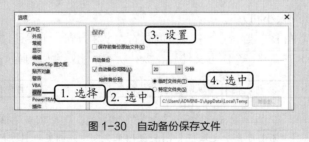

图 1-30　自动备份保存文件

任务二　设计旅游画册内页

在设计旅游画册内页时，会涉及编辑页面属性、插入多页面、创建辅助线等基本操作。

一、任务目标

本任务为设计旅游画册内页，制作时先新建空白文件并设置辅助线，然后插入、再制与重命名页面，导入图片后再复制文本以丰富画册，最后使用图层编辑页面，使用页面排序器查看画册内页。通过本任务的学习，读者可以掌握页面属性的设置、辅助线应用、多页文件的页面插入与编辑等操作。本任务制作完成后的效果如图 1-31 所示。

图 1-31 旅游画册内页效果

素材所在位置	素材文件\项目一\任务二\画册内页文本.cdr、画册内页.cdr、风景\
效果所在位置	效果文件\项目一\任务二\旅游画册内页.cdr

二、相关知识

本任务主要涉及设计旅游画册内页。下面简单介绍设置页面属性，插入并设置页码，管理页面的图层，视图显示控制，设置标尺、辅助线与网格等知识。

（一）设置页面属性

下面讲解如何在 CorelDRAW X8 中设置页面属性，主要包括设置页面的大小和方向、设置版面样式和背景等。

1. 设置页面的大小和方向

可以根据所需图形的实际尺寸来设置页面的大小和方向，主要通过属性栏来进行设置。启动 CorelDRAW X8 并新建一个图形文件后，默认状态下的属性栏如图 1-32 所示。

图 1-32 默认状态下的属性栏

- "页面大小"下拉列表框 ：从其下拉列表中可以选择各种预设的选项来设置页面类型和大小。
- "页面度量"文本框 ：在文本框中可以设置页面的高度和宽度。

- "纵向"按钮▯和"横向"按钮▭：单击这两个按钮可设置纵向或横向的页面。
- "绘图单位"下拉列表框：从其下拉列表中可选择不同的测量单位。
- "微调偏移"文本框：在文本框中可以设置对象的微调距离，还可以通过输入数值调整距离。
- "再制距离"文本框：在文本框中可设置原始对象和再制对象的距离。

> **多学一招**
>
> **设置页面大小的其他方法**
>
> 选择【布局】/【页面设置】菜单命令，打开"选项"对话框，在"文档"选项的"页面尺寸"选项中同样可对页面的大小进行设置。

2. 设置版面样式和背景

CorelDRAW X8 提供了许多预设的版面样式，可用于书籍、折卡和小册子等标准出版物的版面制作，在设置版面样式时还可以设置对开页。同时 CorelDRAW X8 还提供了添加背景的功能，这些操作都可在打开的"选项"对话框中完成。

- **设置版面样式**：在"选项"对话框中选择【文档】/【布局】选项，在右侧的"布局"下拉列表框中可选择所需的版面样式，其中有全页面、活页、屏风卡、帐篷卡、侧折卡、顶折卡等版面样式。
- **设置页面背景**：在"选项"对话框中选择【文档】/【背景】选项，在右侧"背景"面板中单击选中"纯色"单选项，可以选择一种颜色作为纯色背景；单击选中"位图"单选项，单击旁边的 浏览(W)... 按钮，将打开"导入"对话框，从中选择一个位图文件后单击 导入 按钮，可以设置其图案背景。

（二）插入并设置页码

在编辑如宣传册等多页文档时，为了快速找到需要的页面，并且方便打印后进行装订，需要插入页码。插入页码后，还可对起始编号、起始页和样式等进行设置，下面分别进行介绍。

- **插入页码**：选择【布局】/【插入页码】菜单命令，在打开的子菜单中选择需要插入页码的位置即可。
- **设置页码**：选择【布局】/【页码设置】菜单命令，打开"页码设置"对话框，设置起始编号、起始页和样式后单击 确定 按钮，如图 1-33 所示。

图 1-33　设置页码

（三）管理页面的图层

管理页面主要通过"对象管理器"泊坞窗进行。选择【窗口】/【泊坞窗】/【对象管理器】菜单命令即可打开"对象管理器"泊坞窗，如图 1-34 所示。下面对该泊坞窗中的页面与图层相关知识进行介绍。

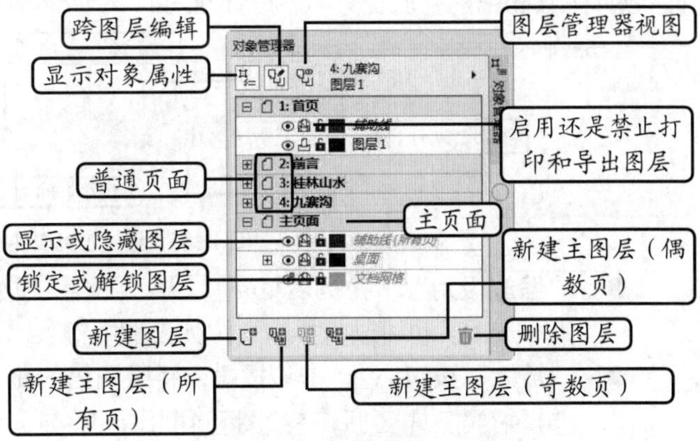

1. 认识页面与图层分类

页面分为普通页面（页 1、页 2 等）和主页面。在普通页面中添

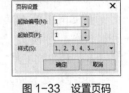

图 1-34　"对象管理器"泊坞窗

加的对象仅存在于当前页，而在主页面中添加的对象将应用于所有页。页面由图层组成。图层是指含有对象的透明胶片，多个图层可组合成复杂效果。选择某图层后，操作该图层不会影响其他图层的对象。图层有以下几种。

- **图层1**：默认创建的对象都将添加到图层1。
- **辅助线图层**：包含所有页面中的辅助线。
- **桌面图层**：包含所有页面外的对象。
- **网格图层**：包含所有页面中的网格。

2. 操作图层

在使用图层过程中，需要对图层进行操作。下面介绍一些主要的图层操作。

- **新建图层**：单击"新建图层"按钮🖙可在所选页面中新建图层，单击"新建主图层（所有页）"按钮🖳可新建应用于所有页的图层，单击"新建主图层（奇数页）"按钮🖳可新建应用于所有奇数页的图层，单击"新建主图层（偶数页）"按钮🖳可新建应用于所有偶数页的图层。
- **删除图层**：选择图层后单击"删除"按钮🗑可删除选择的图层。
- **复制与移动图层**：直接拖动图层到展开的其他页面中可移动图层，选择图层后按【Ctrl+C】组合键可复制图层，在其他位置选择页面或图层后，按【Ctrl+V】组合键可将复制的图层粘贴到选择的图层后面。
- **显示与隐藏图层**：单击◉按钮可将选择的显示的图层隐藏，隐藏后单击◉按钮可将选择的隐藏的图层显示出来。
- **锁定与解锁图层**：单击🔒按钮可锁定选择的图层，单击🔒按钮可将锁定的图层解锁。
- **启用与禁止打印图层**：单击🖨按钮可将选择的图层打印出来，单击🖨按钮可将禁止打印的图层打印出来。
- **跨图层编辑**：单击"跨图层编辑"按钮🖳，可在选择任意页面或图层的情况下编辑所有页面或图层中的对象。

（四）视图显示控制

在CorelDRAW X8中，用户可以用缩放工具🔍管理视图、使用视图管理器管理视图、切换视图显示模式、选择视图预览方式，下面将分别进行讲解。

1. 用缩放工具管理视图

使用缩放工具🔍可以对视图进行缩放、平移、全屏幕显示等操作，以方便对图形进行查看。选择工具箱中的缩放工具🔍，将打开图1-35所示的缩放工具属性栏。各部分的作用如下。

图1-35 缩放工具属性栏

- **"缩放级别"下拉列表框** 41% ▾：在该下拉列表框中可以选择视图缩放的比例或大小选项。也可以直接在下拉列表框中输入需要显示的比例，按【Enter】键确定。
- **"放大"按钮**🔍：单击该按钮，将以两倍的比例放大显示视图，快捷键为【F2】。选择缩放工具🔍后，在绘图区中的指针将变为🔍形状，直接单击也可实现放大功能。

- **"缩小"按钮** ⊖：单击该按钮，将以两倍的比例缩小显示视图，快捷键为【F3】。在放大状态下按住【Shift】键并单击也可缩小显示视图。
- **"缩放选定对象"按钮** ⊕：单击该按钮，可将选定的图形对象最大限度地显示在当前绘图区中，快捷键为【Shift+F2】。
- **"缩放全部对象"按钮** ⊕：单击该按钮，可将页面中的所有图形对象最大限度地显示在当前页面中，快捷键为【F4】。
- **"显示页面"按钮** ⊕：单击该按钮，将以100%的比例显示绘图区中的对象，快捷键为【Shift+F4】。
- **"按页宽显示"按钮** ⊖：单击该按钮，将最大限度地显示页面宽度。
- **"按页高显示"按钮** ⊳：单击该按钮，将最大限度地显示页面高度。

2. 使用视图管理器管理视图

选择【窗口】/【泊坞窗】/【视图管理器】菜单命令，将打开图1-36所示的"视图管理器"泊坞窗，其中有完整的视图调整工具，并可以将常用的视图比例进行保存供以后使用。"视图管理器"泊坞窗中各按钮的含义如下。

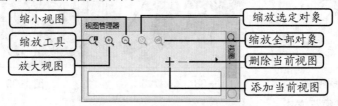

图1-36 "视图管理器"泊坞窗

- ⊕ **按钮**：单击该按钮后在绘图区中单击，可以使页面视图放大两倍；按住【Shift】键的同时单击，可以将页面视图缩小为原视图的1/2。
- **"添加当前视图"按钮** +：单击该按钮，可将当前视图的显示比例添加到面板中的列表框中，以便以后使用。
- **"删除当前视图"按钮** −：单击该按钮，可删除列表框中已经存在的视图显示比例。

> **多学一招** **缩放显示图像**
> 在水平滚动条和垂直滚动条相交处有一个⊕按钮，将鼠标指针移至该按钮上，鼠标指针变为十字形状时，按住鼠标左键，此时将会出现一个小窗口，用于显示绘图区中的所有对象。该窗口中的矩形方框表示当前显示的页面，按住鼠标左键并拖动矩形方框，矩形方框会随鼠标指针移动，同时页面中的显示区域也会移动。

3. 切换视图显示模式

CorelDRAW X8的"视图"菜单为用户提供了7种视图显示模式，这些显示模式主要用于在绘制复杂图形时方便用户查看各个图形的重叠情况。切换视图显示模式只会改变图形的显示方式，而不会对图形产生任何影响。各个显示模式介绍如下。

- **简单线框**：只显示对象的轮廓，不显示图形中的填充、立体等效果，以更方便查看图形轮廓的显示效果，如图1-37所示。
- **线框**：其显示效果与简单线框模式类似，只显示单色位图、立体透视图、轮廓图和调和形状对象。

● **草稿**：可以显示标准填充和低分辨率的位图，它将透视和渐变填充显示为纯色，渐变填充则用起始颜色到终止颜色的调和效果来显示，效果如图1-38所示。当需要快速刷新复杂图像时可以使用该模式。

● **普通**：显示PostScript填充外的所有填充图形及高分辨率的位图，它能保证图形的显示质量，同时不会影响刷新速度。

● **增强**：使用两倍超取样来达到最好效果的显示，该模式对计算机的性能要求较高。

● **像素**：该模式以位图的效果对矢量图进行预览，放大后可看见出现的像素点，以方便了解矢量图输出为图像文件后的效果，如图1-39所示。

● **模拟叠印**：可以预览叠印颜色混合方式的模拟，最大化地还原叠印印刷时的效果。此模式对项目校样非常有用。

图1-37　简单线框模式　　　　　图1-38　草稿模式　　　　　图1-39　像素模式

4. 选择视图预览方式

CorelDRAW X8的"视图"菜单为用户提供了3种视图预览方式，分别介绍如下。

● **全屏预览**：选择该方式可隐藏菜单栏与工具栏，全屏显示页面中的对象。

● **只预览选定的对象**：选择该方式可只预览选择的对象。

● **页面排序器视图**：选择该方式可在同一窗口中预览编辑多个页面的效果。

（五）设置标尺、辅助线与网格

在绘制图形时可以使用一些辅助工具，如标尺、辅助线和网格来帮助定位图形的位置，确定图形的大小，从而提高绘图的精确度和工作效率。下面将分别进行讲解。

1. 认识标尺、辅助线与网格

标尺、辅助线与网格的介绍如下。

● **标尺**：标尺是一种测量工具，分为水平标尺和垂直标尺两种，可以帮助用户精确定位图形对象在水平方向和垂直方向上的位置和大小。

● **辅助线**：辅助线可通过拖动标尺或在"选项"对话框中创建（在后面任务实施中将进行详细介绍），用于定位、对齐对象。

● **网格**：网格由均匀的水平线与垂直线组成，用于定位对象的位置与各对象之间的距离。在CorelDRAW X8中，网格主要有文本网格、像素网格和基线网格3种。

2. 显示与设置标尺、辅助线与网格

显示与设置标尺、辅助线与网格的常用方法如下。

● **显示标尺、辅助线与网格**：选择【视图】/【标尺（网格/辅助线）】菜单命令，即可显示或隐藏标尺（网格/辅助线）。

● **设置标尺、辅助线与网格**：选择【工具】/【选项】菜单命令，打开"选项"对话

框，在该对话框的左侧单击"文档"下的"网格"选项，在右侧展开的面板中可设置对应的参数，如间距、颜色等；单击"标尺"选项可设置标尺微调值、单位、记号划分等；单击"辅助线"下的"辅助线"选项可设置辅助线颜色、位置、单位等。图1-40和图1-41所示分别为展开的"网格"与"标尺"面板。

图 1-40 "网格"面板

图 1-41 "标尺"面板

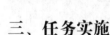

移动标尺

按住【Shift】键的同时，将鼠标指针移到标尺左上角的 图标上，按住鼠标左键向绘图区内拖动，此时将出现标尺十字定位双虚线，松开鼠标左键即可将标尺移动到新的位置。按住【Shift】键的同时单独拖动水平或垂直标尺，可以只移动水平或垂直标尺。

三、任务实施

（一）新建文档并设置辅助线

下面先新建文档，然后将页面背景填充为苔绿色，再创建5mm出血区域的辅助线，最后添加对象并设置对象对齐辅助线，完成首页的制作，其具体操作如下。

（1）启动 CorelDRAW X8，在打开的欢迎屏幕窗口中单击"新建文档"超链接（如图1-42所示），或选择【文件】/【新建】菜单命令或按【Ctrl+N】组合键。

（2）打开"创建新文档"对话框，设置名称、预设目标、大小、宽度、高度分别为画册内页、自定义、自定义、570mm、290mm，单击"横向"按钮□，其他保持默认设置，单击 确定 按钮，如图1-43所示。

画册的页面大小

本任务制作的画册的一页由两页组合而成，单页的页面大小为 280mm×280mm，设置页面时要加上出血区域的值5mm，故画册的页面大小为 570mm×290mm。

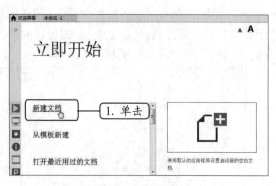

图 1-42　新建文档

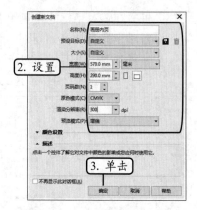

图 1-43　设置新文档页面参数

（3）选择【工具】/【选项】菜单命令，打开"选项"对话框，选择【文档】/【背景】选项，在"背景"面板中单击选中"纯色"单选项，在其后的下拉列表框中将颜色设置为绿色（R:27,G:98,B:104），如图 1-44 所示。

（4）如图 1-45 所示，选择【文档】/【辅助线】/【水平】选项，在右侧"水平"面板的文本框中输入"5"，在其后的下拉列表框中选择"毫米"选项，单击 添加(A) 按钮，将该值添加到下方的列表框中，在页面下方创建水平辅助线；继续在文本框中输入"285"，单击 添加(A) 按钮，在页面上方创建水平辅助线。设置完成后单击 确定 按钮返回工作界面。

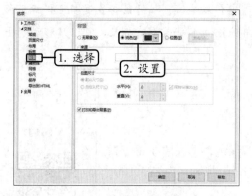

图 1-44　设置页面背景

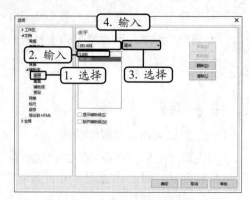

图 1-45　创建水平辅助线

多学一招　　　　　创建倾斜辅助线

　　在"选项"对话框中，选择【文档】/【辅助线】/【辅助线】选项，可通过设置 1 个角和 1 个点或 2 个点来创建倾斜的辅助线。

（5）如图 1-46 所示，选择【文档】/【辅助线】/【垂直】选项，在右侧"垂直"面板的文本框中分别输入"5""565"，选择单位为"毫米"，依次单击 添加(A) 按钮，在页面左、右两边创建垂直辅助线。设置完成后单击 确定 按钮返回工作界面。

（6）在属性栏的"缩放级别"下拉列表框中输入"31%"，在缩放工具 🔍 上按住鼠标左键，在打开的列表中选择平移工具 🖐，将鼠标指针移动到页面上，鼠标指针呈现手形显示，在页面上按住鼠标左键，平移图像至工作区右上角，如图 1-47 所示。

（7）将鼠标指针移动到水平标尺上，按住鼠标左键拖动至页面底端距离出血线 5mm 位置处释放鼠标，完成手动创建出血线的操作，如图 1-47 所示。

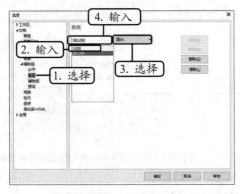

图 1-46 创建垂直辅助线

图 1-47 平移图像并手动创建出血线

多学一招　　　　　　　　　　**设置垂直辅助线**
　　在垂直标尺上按住鼠标左键拖动到绘图区，在相应的位置释放鼠标即可创建一条垂直辅助线。

（8）选择【视图】/【贴齐】/【辅助线】菜单命令（如图 1-48 所示），拖动对象靠近辅助线时，即可自动对齐。

（9）选择矩形工具 ▢，拖动鼠标在页面中绘制矩形，取消轮廓，填充为淡黄色（C:0,M:0,Y:0）；复制"画册内页 .cdr"文件中的文本与标志，将其放到页面中合适的位置；创建水平辅助线，使标志的底端与字母的底端对齐，如图 1-49 所示。

图 1-48 设置贴齐辅助线

图 1-49 添加页面对象

（二）插入、再制与重命名页面

　　在制作画册时需要使用多个页面，而软件默认只有一个页面。此时，可通过插入页面或再制页面的方法制作多个页面。为了能更清楚、有序地表达页面内容，可根据页面内容重命名页面。其具体操作如下。

　　（1）选择【布局】/【再制页面】菜单命令，或在页面控制栏"页1"标签上右击，在弹出的快捷菜单中选择"再制页面"命令，如图 1-50

微课视频

插入、再制与重命名页面

所示。

（2）打开"再制页面"对话框，单击选中"在选定的页面之后"单选项和"仅复制图层"单选项，设置插入新页面的位置与再制的范围，单击 确定 按钮，如图1-51所示。

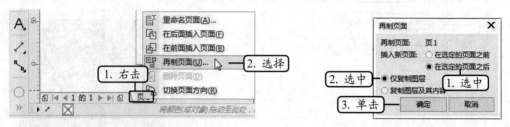

图1-50　选择"再制页面"命令　　　　　图1-51　设置插入新页面的位置与再制的范围

（3）选择【布局】/【插入页面】菜单命令，打开"插入页面"对话框，在"页码数"文本框中输入"4"，地点、大小、宽度和高度保持默认设置，单击 确定 按钮，如图1-52所示。

（4）返回工作界面，在页面控制栏中查看插入页面的效果，单击"页3"标签可切换到该页面，且标签呈白色，如图1-53所示。

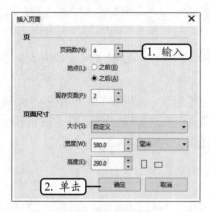

图1-52　插入页面

图1-53　查看插入的页面

多学一招

切换页面的其他方式

除了通过单击页面标签进行切换外，还可单击页面控制栏中的◀按钮，显示当前页的前一页；单击|◀按钮，显示文档的第一页；单击▶按钮，显示当前页的后一页；单击▶|按钮，显示文档的最后一页。当新建的页面过多时，可拖动页面控制栏与滚动条之间的区域，显示更多页面控制栏。

（5）保持选择"页3"标签，在其上右击，在弹出的快捷菜单中选择"重命名页面"命令，或选择【布局】/【插入页面】菜单命令，打开"重命名页面"对话框，在"页名"文本框中输入"桂林山水"，单击 确定 按钮，如图1-54所示。

（6）返回工作界面，使用相同的方法为其他页面重命名。页面重命名效果如图1-55所示。

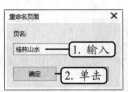

图 1-54　打开"重命名页面"对话框

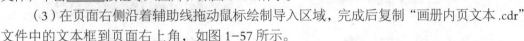

图 1-55　页面重命名效果

（三）导入素材完善画册

添加页面后需要在各个页面中添加图片和文本、设置画册版式，使画册内容更丰富，其具体操作如下。

（1）在页面控制栏中单击"前言"标签切换到"前言"页面，在垂直标尺上按住鼠标左键拖动到绘图区中心位置，在该处创建辅助线。

（2）选择【文件】/【导入】菜单命令或按【Ctrl+I】组合键，打开"导入"对话框，先选择导入文件的路径，再选择导入的"图片 1.png"文件，单击 导入 按钮导入图片，如图 1-56 所示。

（3）在页面右侧沿着辅助线拖动鼠标绘制导入区域，完成后复制"画册内页文本 .cdr"文件中的文本框到页面右上角，如图 1-57 所示。

> 微课视频
>
> 导入素材完善画册

图 1-56　打开"导入"对话框

图 1-57　完善"前言"页面

多学一招

快速导入素材图片

打开素材图片所在的文件夹窗口，直接将需要的图片拖动到工作区中即可快速导入素材图片。

（4）在页面控制栏中单击"桂林山水"标签切换到该页面，在页面边缘各创建一条辅助线。选择矩形工具 □，在页面右侧拖动鼠标绘制矩形，取消轮廓，填充为浅绿色（R:217,G:237,B:236）。

（5）在页面左侧的中心绘制矩形与直线线条，右击色块将轮廓颜色设置为白色，在属性栏中将"轮廓宽度"设置为 0.567mm。

（6）复制"画册内页 .cdr"文件中的桂林山水的相关文本，并导入需要的图片，将其放到合适位置，效果如图 1-58 所示。

（7）使用相同的方法制作"九寨沟"页面、"三亚"页面和"结束页"页面，制作后的效果分别如图 1-59、图 1-60 和图 1-61 所示。

图 1-58　"桂林山水"页面

图 1-59　"九寨沟"页面

图 1-60　"三亚"页面

图 1-61　"结束页"页面

（四）使用图层与页面排序器

创建页面后，可通过图层来编辑页面，如添加统一的标志、书名等，完成后可通过页面排序器查看所有页面效果，其具体操作如下。

（1）选择【窗口】/【泊坞窗】/【对象管理器】菜单命令，打开"对象管理器"泊坞窗，单击窗口下方的"新建主图层（所有页）"按钮 （如图 1-62 所示）即可新建一个主图层。

（2）将主图层名修改为"标签（所有页）"。选择"标签（所有页）"图层，该图层以深蓝色底纹显示。

（3）选择矩形工具，拖动鼠标在页面左、右上角绘制相同大小的矩形，填充为黑色。复制素材中的"金典旅游画册系列"文本，将其置于矩形上同时选择黑色矩形与文本，按【Ctrl+G】组合键进行群组，黑色矩形与文本将显示到"标签（所有页）"图层下方，如图 1-63 所示。

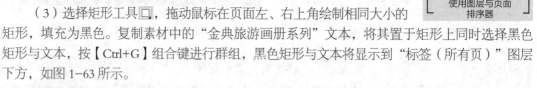

图 1-62　新建主图层

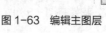

图 1-63　编辑主图层

**知识
提示**　　　　　　　　　**画册设计知识**

　　画册是指对产品、文化等进行说明的册子。画册分为矩形画册和方形画册两种。本任务制作的画册属于方形画册双开的情况。需要注意的是，画册成品尺寸＝纸张尺寸—修边尺寸。

　　（4）单击"对象管理器"泊坞窗右上角的 × 按钮关闭该泊坞窗。选择【视图】/【页面排序器视图】菜单命令，进入页面排序器模式，单击"中等缩略图"按钮，查看所有页面效果，如图 1-64 所示。

图 1-64　页面排序器

　　（5）在属性栏上单击"页面排序器视图"按钮退出页面排序器模式，选择【视图】/【辅助线】菜单命令隐藏辅助线，保存并关闭文件，完成本任务的制作。

实训一　制作信封

【实训要求】

　　本实训要求制作企业的信封，包括设置信封页面、添加邮编框、添加公司标志与文本等内容。

【实训思路】

　　根据实训要求，制作时可先新建文档，设置页面大小，创建辅助线，并设置贴齐辅助线，然后添加信封元素到信封上，再制作信封背面。信封正反面效果如图 1-65 所示。

扫一扫

高清大图

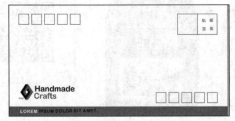

图 1-65　信封正反面效果

素材所在位置　素材文件＼项目一＼实训一＼信封文本 .cdr
效果所在位置　效果文件＼项目一＼实训一＼企业信封设计 .cdr

【步骤提示】

（1）启动 CorelDRAW X8，在打开的欢迎屏幕窗口中单击"新建文档"超链接，打开"创建新文档"对话框，在该对话框的"宽度"和"高度"文本框中分别输入"220mm"和"110mm"，设置页面的大小，完成后单击 确定 按钮确认。

微课视频

制作信封

（2）单击标准工具栏中的 贴齐 按钮，在打开的列表中选择"辅助线"选项，在标尺上按住鼠标左键拖动到绘图区中，在距离页边 10mm 的位置创建辅助线。

（3）双击工具箱中的矩形工具 □，在页面上绘制出一个与页面大小相同的矩形，取消轮廓，填充为白色。

（4）选择工具箱中的矩形工具 □，在信封左上角按住【Ctrl】键和鼠标左键，绘制一个矩形作为邮编框，释放鼠标后在属性栏中将对象宽度与高度设置为10mm。

（5）保持矩形的选择状态，打开"变换"泊坞窗，单击选中"相对位置"复选框和右侧中间的复选框，设置"X"为13、"副本"为5，单击 应用 按钮得到复制的邮编框。然后复制该组对象到右下角。

（6）复制素材中的标志与文本到信封中，将其放到信封的合适位置。

（7）在页面标签上右击，在弹出的快捷菜单中选择"再制页面"命令。使用钢笔工具 在上边缘依次单击绘制信封折叠区矩形，取消轮廓，填充为橙色（R:234,G:92,B:39）。复制标志与文本置于左下角。

（8）选择【文件】/【保存】菜单命令，在打开的对话框中将制作的文件保存为"企业信封设计 .cdr"，完成本实训的制作。

实训二　制作房地产宣传册

【实训要求】

本实训要求利用文件的新建、页面属性设置、素材文件的导入与复制操作制作房地产宣传册。本实训的参考效果如图 1-66 所示。

扫一扫

高清大图

图 1-66　房地产宣传册效果

【实训思路】

根据实训要求，可以先新建指定大小的页面，再创建辅助线进行分页，然后导入图片，复制素材中的文本，最后保存文件。

素材所在位置 素材文件\项目一\实训二\文本.cdr、图1.jpg～图4.jpg
效果所在位置 效果文件\项目一\实训二\房地产宣传册.cdr

【步骤提示】

（1）启动 CorelDRAW X8，在打开的欢迎屏幕窗口中单击"新建文档"超链接，打开"创建新文档"对话框，在该对话框的"宽度"和"高度"文本框中输入"600mm"和"230mm"，完成后单击 **确定** 按钮确认。

（2）在标尺上按住鼠标左键拖动到绘图区中创建辅助线，将页面分成四等份。

（3）选择矩形工具 □，沿着辅助线分别绘制 4 个相同大小的矩形，并填充为淡黄色（R:255,G:245,B:194）、土黄色（R:229,G:214,B:159）。

（4）导入素材中的图片并将其放到合适位置，右击图片，在弹出的快捷菜单中选择"顺序"命令，控制图片在页面中的排列顺序。

（5）复制素材中的文本到各折页中，调整文本大小和位置。

（6）选择【文件】/【保存】菜单命令，保存文件。

微课视频
制作房地产宣传册

常见疑难解析

问：取消 CorelDRAW X8 的欢迎屏幕后，怎样才能恢复？

答：在 CorelDRAW X8 的欢迎屏幕中展开选项卡，取消选中"启动时始终显示开始屏幕"复选框可在下次启用软件后直接进入工作界面。设置后，选择【工具】/【选项】菜单命令，在打开的对话框中选择【工作区】/【常规】选项，在右侧的"CorelDRAW X8 启动"下拉列表框中选择"欢迎屏幕"选项即可恢复。

问：矢量图可以像位图那样由扫描仪或数码相机获得吗？

答：不可以。矢量图无法由扫描仪和数码相机获得，只能由一些图形软件生成，例如 CorelDRAW、AutoCAD 和 Illustrator 等。这些图形软件可以定义图像的角度、圆弧、面积以及轮廓等特性。

问：输出分辨率是指什么分辨率？

答：输出分辨率又称打印分辨率，是指绘图仪或打印机等输出设备在输出图像时每英寸所产生的油墨点数。使用与打印机输出分辨率成正比的图像分辨率，能产生较好的输出效果。

问：在 CorelDRAW X8 中导入图像时，可以更改导入图像的长宽比例吗？

答：可以。在导入图像后，按住【Alt】键的同时拖动鼠标，即可随意改变导入图像的长宽比例。

问：为什么在保存选定的对象时，在"保存绘图"对话框中没有"只是选定的"复选框？

答：因为只有在选择了需要保存的对象后，才会在"保存绘图"对话框中显示"只是选定的"复选框，否则不会显示该复选框。

拓展知识

1. 纸张开度

在工作中，经常会接触到不同类型的平面设计工作，如展架、名片、画册等，在制作这些类型的文件时，客户都会给出相关的尺寸，但设计人员也需要对纸张的开度有一定的认识，其中正度纸张为787mm×1092mm，大度纸张为889mm×1194mm。纸张与印品开度如表1-1所示。

表1-1　纸张与印品开度　　　　　　　　　　　　　　　　　单位：mm

开度	大度毛尺寸	成品净尺寸	正度毛尺寸	成品净尺寸
全开	1194×889	1160×860	1092×787	1060×760
对开	889×597	860×580	787×546	760×530
长对开	1194×444.5	1160×430	1092×393.5	1060×375
3开	889×398	860×350	787×364	760×345
丁字3开	749.5×444.5	720×430	698.5×393.5	680×375
4开	597×444.5	580×430	546×393.5	530×375
长4开	298.5×88.9	285×860	787×273	760×260
5开	380×480	355×460	330×450	305×430
6开	398×44.5	370×430	364×393.5	345×375
8开	444.5×298.5	430×285	393.5×273	375×260
9开	296.3×398	280×390	262.3×364	240×350
12开	298.5×296.3	285×280	273×262.3	260×250
16开	298.5×222.25	285×210	196.75×262.3	260×185
18开	199×296.3	180×280	136.5×262.3	120×250
20开	222.5×238	270×160	273×157.4	260×140
24开	222.5×199	210×185	196.75×182	185×170
28开	298.5×127	280×110	273×112.4	1260×100
32开	222.5×149.25	210×140	196.75×136.5	185×130
64开	149.25×111.12	130×100	136.5×98.37	120×80

下面对常用的纸张尺寸进行介绍。

名片：横版90mm×55mm（方角）、85mm×54mm（圆角）；竖版50mm×90mm（方角）、54mm×85mm（圆角）；方版90mm×90mm（方角）、90mm×95mm（圆角）。

IC卡：85mm×54mm。

三折页广告：标准尺寸210mm×285mm（A4）。

普通宣传册：标准尺寸210mm×285mm（A4）。

文件封套：标准尺寸220mm×305mm。

招贴画：标准尺寸 540mm×380mm 。

挂旗：标准尺寸 376mm×265mm（8 开）、 540mm×380mm（4 开）。

手提袋：标准尺寸 400mm×285mm ×80mm 。

信纸、便条：标准尺寸 185mm×260mm、210mm×285mm（16 开）。

2. CorelDRAW 如何与其他软件实现文件交换

为了得到更佳的效果，在 CorelDRAW 中我们经常需要调用其他软件生成的文件，如 Photoshop、AutoCAD、3ds Max、Illustrator 等软件生成的文件。下面介绍在 CorelDRAW 中调用相关软件生成的文件的方法。

在 AutoCAD 中绘制图形后可以导出为 JPG 等格式的图片，然后在 CorelDRAW 中导入即可使用。如绘制房屋平面图时，可以导入在 AutoCAD 中绘制的平面图，再在其基础上进行精确绘制。

CorelDRAW 常与 Photoshop 结合使用，如先用 Photoshop 处理好图像色彩和效果，保存为 JPG 格式，再导入 CorelDRAW 中制作海报和宣传单等。

另外，CorelDRAW 支持 AI 格式文件导入，在 AI 中可以直接导入 CDR 格式文件，在 CorelDRAW 中也可以直接导入 AI 格式文件，因此 CorelDRAW 可与 Illustrator 实现文件交换。

3ds Max 中的效果图可通过渲染输出为 JPG 等格式的图片，然后在 CorelDRAW 中导入即可使用。

3. 设置命令快捷键

除了前文讲解的自定义界面中菜单栏与工具栏的显示等操作外，还可为一些常用命令自定义快捷键来提高制作速度。其方法为：选择【工具】/【选项】菜单命令，在打开的对话框中选择【工作区】/【自定义】/【命令】选项，在右侧单击"快捷键"选项卡，在左侧选择需要设置快捷键的选项，在"新建快捷键"文本框中按自定义的快捷键，单击 指定(A) 按钮将其指定到选择的选项上，单击 确定 按钮完成设置。

4. 查看提示信息

初次使用 CorelDRAW 时可能不太熟悉软件界面各工具的用法与一些基本功能，这时可单击对象，在右侧出现的"提示"泊坞窗中查看相关说明。若没有显示"提示"泊坞窗，可选择【帮助】/【提示】菜单命令，将其显示出来。

课后练习

（1）新建一个图形文件，导入提供的首饰素材，然后绘制矩形并添加文本，最后保存为"首饰海报 .cdr"。完成后的效果如图 1-67 所示。

 素材所在位置 素材文件 \ 项目一 \ 课后练习 \ 首饰海报图片 .jpg、花纹 .cdr

效果所在位置 效果文件 \ 项目一 \ 课后练习 \ 首饰海报 .cdr

图 1-67　首饰海报效果

（2）新建一个文件，方向为横向，然后依次将"背景.jpg"和"图.tif"文件导入页面，再对图片进行缩放等操作，最后复制"生活吧文本.cdr"到页面右侧。完成后的效果如图1-68所示。

图1-68　生活吧海报效果

 素材所在位置　素材文件\项目一\课后练习\背景.jpg、图.tif、生活吧文本.cdr

效果所在位置　效果文件\项目一\课后练习\生活吧海报.cdr

项目二
对象管理

02

情景导入

　　米拉已经初步认识了 CorelDRAW X8 的工作界面以及基本操作方法，但制作出来的页面显得非常凌乱，这样不利于查看与编辑对象。老洪告诉他在绘制图形的过程中，可以对其中的对象进行管理，如锁定不需要编辑的对象、群组部分图形、对齐分布图形、缩放和旋转图形等，以得到理想的绘图效果。

学习目标

- ● 掌握红西柚汁宣传单的制作方法
  如缩放和移动对象、旋转和组合对象、复制和移动对象、添加文本和素材图像、再制对象等。

- ● 掌握旅游网站主页页面的布局方法
  如对象的对齐、分布等。

素质目标

　　提升对图形素材的搜集与加工能力，培养组织管理与协调能力。

案例展示

▲制作红西柚汁宣传单

▲制作旅游网站主页

任务一　制作红西柚汁宣传单

对于饮料产品类的广告宣传设计，一般都需要在色彩的搭配和产品的形态上多花心思。制作时可以选择与饮料接近的颜色作为主要色调，再添加真实产品到画面中，这将起到很好的宣传效果。

一、任务目标

本任务将使用"变换"泊坞窗中的多种功能，为对象应用旋转、缩放、再制等操作，并将对象进行组合，最后进行文本添加等操作。通过本任务的学习，读者可掌握在 CorelDRAW X8 中对对象的相关操作。本任务制作完成后的效果如图 2-1 所示。

图 2-1　红西柚汁宣传单

素材所在位置	素材文件\项目二\任务一\饮料 .tif、粉色背景 .jpg、文本 .tif
效果所在位置	效果文件\项目二\任务一\红西柚汁宣传单 .cdr

二、相关知识

本任务制作过程中将涉及多种选择方式、多种变换方式、对象的复制与再制，以及步长和重复等知识，下面进行详细讲解。

（一）认识多种选择方式

常用的选择方式如下。

● **单击选择**：在工具箱中选择选择工具，单击对象可选择对象，对象周围会出现黑色控制点，继续单击其他对象或单击空白处可取消选择；按住【Shift】键可同时单击选择多个对象。

● **矩形框选**：在工具箱中选择选择工具，拖动鼠标绘制选框，选框内的对象都会被选中。

● **手绘框选**：在工具箱中按住选择工具，在打开的列表中选择手绘选择工具，按住鼠标左键拖动鼠标，可绘制选框的路径，选框内的对象将被选中，如图 2-2 所示。

图 2-2　手绘框选

- **循环选择**：在工具箱中选择选择工具 ，按【Tab】键可选择最后绘制的图层，继续按【Tab】键可按对象的添加顺序循环选择对象。
- **选择被遮盖的对象**：在选择时，底层的对象如果被上层的对象遮盖，将不易被选中。此时，可在工具箱中选择选择工具 ，按住【Alt】键，单击对象所在位置进行选择，再次单击将继续选择所选对象下面的对象，若所选对象下层无对象，将返回选择最上层的对象。图2-3所示为选择被遮盖的对象。

图2-3 选择被遮盖的对象

- **全选**：双击选择工具 可全选工作区所有对象，若选择【编辑】/【全选】菜单命令，可在打开的子菜单中选择全选对象、文本、辅助线或节点。

（二）认识多种变换方式

选择对象后，可对对象的位置、大小、倾斜度、旋转角度等进行变换。在CorelDRAW X8中变换对象的方式有以下两种。

1. 鼠标拖动变换

选择对象后，直接拖动对象四周的控制点可快速对对象进行移动、缩放、镜像、旋转、倾斜等操作，下面分别进行介绍。

- **移动对象**：选择对象后，在对象上按住鼠标左键可将其拖动到合适位置。
- **缩放对象**：选择对象后，拖动对象四角的控制点可按比例放大或缩小对象；拖动对象四边的控制点可单独调整对象的高度与宽度。

水平或垂直拖动对象
在拖动对象过程中，按住【Ctrl】键或【Shift】键可按水平或垂直方向拖动对象。

- **镜像对象**：选择对象后，当拖动对象四周的控制点超过对象本身的边界线时，可水平或垂直翻转对象，如图2-4所示。

图2-4 镜像对象

● **旋转对象**：选择对象后，在对象中心的控制点上单击，中心呈现⊙形状时，在其上按住鼠标左键拖动中心控制点到合适位置以确定旋转基点；再将鼠标指针移至四角形状上，此时鼠标指针变为↻形状，按住鼠标左键旋转对象，如图 2-5 所示。

● **倾斜对象**：选择对象后，在对象中心的控制点上单击，再将鼠标指针移至四边出现的形状上，此时鼠标指针变为⇌形状，按住鼠标左键可倾斜对象，如图 2-6 所示。倾斜常用于包装侧面的处理。

图 2-5　旋转对象

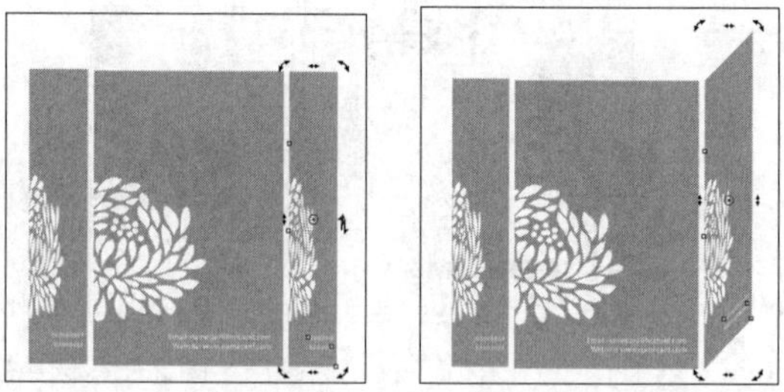

图 2-6　倾斜对象

2. 认识"变换"泊坞窗

在"变换"泊坞窗中可实现对象的精确位移、角度旋转等变换操作。按【Alt+F7（或 F8、F9、F10）】组合键，或选择【对象】/【变换】菜单命令中的任一子命令，即可打开"变换"泊坞窗，如图 2-7 所示。该泊坞窗各部分的介绍如下。

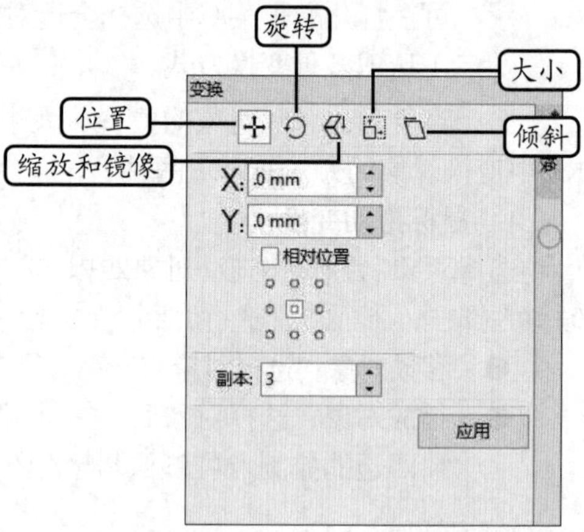

● **位置**：单击"位置"按钮⊞可设置对象移动的精确位置，在其下可设置移动的水平与垂直距离、方向。

● **旋转**：单击"旋转"按钮↻可设置旋转角度、旋转的中心。

图 2-7　"变换"泊坞窗

● **缩放和镜像**：单击"缩放和镜像"按钮⬁可设置水平与垂直方向缩放的比例和水平或垂直镜像的方式。

● **大小**：单击"大小"按钮▣可指定对象的具体尺寸。

● **倾斜**：单击"倾斜"按钮◻可设置水平或垂直方向倾斜的角度，以及倾斜的锚点。

● **相对位置**：有 9 个选项，选中对应选项，可设置移动的方向、旋转的基点、镜像的对称点等。

● **副本**：在该文本框中可设置移动、旋转、倾斜后的副本数量。

（三）对象的复制与再制

CorelDRAW X8 中提供了多种复制与再制对象的方法，下面分别进行介绍。

● **按住鼠标右键移动**：选择对象后，按住鼠标右键移动对象，至合适位置后释放鼠标，在弹出的快捷菜单中选择"复制"命令可复制对象。

● **通过复制与粘贴命令**：选择对象后，单击鼠标右键，在弹出的快捷菜单中依次选择"复制"与"粘贴"命令可复制对象。

● **通过快捷键**：选择对象后，依次按【Ctrl+C】组合键和【Ctrl+V】组合键可复制对象。

● **再制对象**：与复制类似，选择对象并进行移动、旋转等操作后，选择【编辑】/【再制】菜单命令，打开"再制偏移"对话框，设置再制对象的水平或垂直距离偏移，可均匀地复制操作的对象。

多学一招　复制对象注意事项

直接进行复制、粘贴后的对象会覆盖在原来对象上，需要将其移动到另一位置才能查看复制后的效果。

（四）认识步长和重复

复制对象时，利用步长和重复功能可以调整两个对象之间的间距。选择【编辑】/【步长和重复】菜单命令，打开"步长和重复"泊坞窗。在其中可设置水平或垂直方向的偏移值（或距离值）与重复值，单击 应用 按钮即可得到调整效果，如图2-8所示。

图2-8　"步长和重复"泊坞窗

三、任务实施

（一）缩放和移动对象

下面将使用缩放和移动对象的方法来制作底纹图像中的矩形边框，其具体操作如下。

（1）新建一个A4大小的图形文件，选择【文件】/【导入】菜单命令，打开"导入"对话框，选择"粉色背景.jpg"文件，单击 导入 按钮，沿页面边框绘制导入区域，导入背景，如图2-9所示。

（2）选择矩形工具□，在属性栏中设置"轮廓宽度"为0.75mm，在页面中绘制一个矩形，并右击调色板中的粉色色块（R:244,G:179,B:179），填充轮廓，得到粉色矩形边框，如图2-10所示。

微课视频

缩放和移动对象

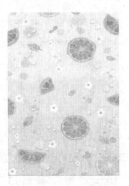

图2-9　导入背景

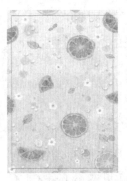

图2-10　绘制矩形边框

（3）选择选择工具 ▶，单击矩形边框，选择【对象】/【变换】/【缩放和镜像】菜单命令，打开"变换"泊坞窗的缩放和镜像面板。

（4）在"X"和"Y"文本框中设置参数为90，设置"副本"为1，如图2-11所示。单击 应用 按钮，得到图2-12所示的矩形。

（5）选择选择工具 ▶，单击缩小后的矩形边框，将鼠标指针放到矩形后按住鼠标左键拖动，移动矩形位置，如图2-13所示。

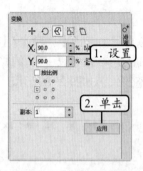

图 2-11　设置变换参数

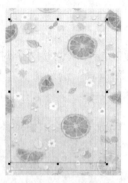

图 2-12　得到的矩形

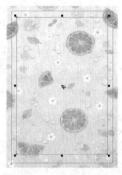

图 2-13　移动矩形位置

多学一招

使用工具对图像做变换

选择自由变换工具 ⬚，可在属性栏中单击相应按钮（与"变换"泊坞窗中的变换按钮相同）设置变换方式，再拖动变换的对象进行变换操作，变换过程中会出现变换辅助线。

（二）旋转和组合对象

下面将通过旋转功能绘制橘瓣图像，再将其组合为一个对象，方便后面的编辑，其具体操作如下。

微课视频

旋转和组合对象

（1）选择椭圆形工具 ○，按住【Ctrl】键绘制一个圆形，填充为橘黄色（R:212,G:78,B:43），将轮廓设置为"无"，如图2-14所示。

（2）选择圆形对象，按小键盘中的【+】键复制对象，然后将鼠标指针放到图形右上角，按住【Shift】键向内拖动中心缩小对象，并将其填充为白色，如图2-15所示。

图 2-14　绘制圆形

图 2-15　缩小对象并填充颜色

（3）选择贝塞尔工具 ⬚，在白色圆形中绘制一个橘瓣外形，填充为橘红色（R:211,G:59,B:20），取消轮廓，如图2-16所示。

（4）再一次单击该图形，图形中心将呈现⊙形状，将鼠标指针移动到图形中心位置，按住鼠标左键拖动中心控制点至交叉点中心，确定旋转基点，如图 2-17 所示。

（5）选择【对象】/【变换】/【旋转】菜单命令，打开"变换"泊坞窗，设置旋转角度为 60、"副本"为 5，如图 2-18 所示。

图 2-16　绘制橘瓣　　　　　　　图 2-17　调整中心点　　　　　　图 2-18　设置旋转参数

（6）单击 应用 按钮，即可得到旋转复制的对象，如图 2-19 所示。

（7）选择选择工具 ，选择部分橘瓣图形，改变颜色为粉红色（R:233,G:81,B:66），如图 2-20 所示。

（8）选择椭圆形工具 ，在橘瓣图形交接处绘制一个圆形，填充为白色，取消轮廓填充，如图 2-21 所示。

图 2-19　旋转效果　　　　　　　图 2-20　改变颜色　　　　　　　图 2-21　绘制圆形

（9）选择选择工具 ，从图形外侧框选圆形和所有橘瓣图形，在选择的橘瓣图形上右击，在弹出的快捷菜单中选择"组合对象"命令，或按【Ctrl+G】组合键，组合对象，如图 2-22 所示。

（10）选择组合后的对象，将鼠标指针放到图形右上方，当鼠标指针变为双向箭头时，按住鼠标左键向内拖动鼠标以缩小图像，如图 2-23 所示。然后将其放到画面左下方，如图 2-24 所示。

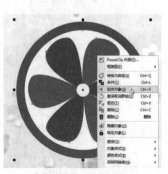

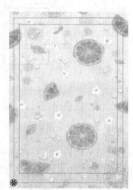

图 2-22　组合对象　　　　　　　图 2-23　缩小对象　　　　　　　图 2-24　调整位置

组合对象的其他方法

多学
一招

选择多个对象后，在属性栏中单击"组合对象"按钮。也可进行组合操作。

（三）复制和移动对象

组合对象后，下面对该组对象进行复制和移动操作，其具体操作如下。

（1）选择缩小后的橘瓣图形，按4次小键盘中的【+】键复制对象，将复制的4个对象中的3个分别放到画面其他3个角上，另一个对象单独放到画面中，如图2-25所示。

（2）选择透明度工具█，选择画面中的橘瓣图形，单击属性栏中的"均匀透明度"按钮█，设置透明度为50，得到半透明效果，如图2-26所示。

图2-25 复制并移动对象

图2-26 设置透明效果

（3）选择半透明橘瓣图形，选择【窗口】/【泊坞窗】/【变换】/【位置】菜单命令，打开"变换"泊坞窗，设置"X"为20mm、"Y"为0mm、"副本"为7，如图2-27所示。

（4）单击 █应用█ 按钮，得到水平移动复制的对象，如图2-28所示。

（5）选择【文件】/【导入】菜单命令，打开"导入"对话框，选择"文本.tif"文件，将其导入图像中，放到画面上方，如图2-29所示。

图2-27 设置移动参数

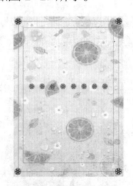

图2-28 移动复制效果

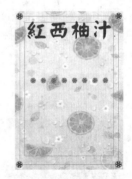

图2-29 导入文件

（6）选择椭圆形工具█，按住【Ctrl】键在文本下方绘制一个圆形，取消轮廓填充，填充为粉红色（R:216,G:92,B:107），如图2-30所示。

（7）使用选择工具█选择该圆形，打开"变换"泊坞窗，设置"X"为22mm、"Y"

为 0mm、"副本"为 3，如图 2-31 所示。

（8）单击 应用 按钮，得到水平移动复制的对象，如图 2-32 所示。

图 2-30　绘制圆形　　　　图 2-31　设置位置参数　　　　图 2-32　移动复制效果

（四）添加文本和素材图像

下面将在广告画面中添加文本和素材图像，其具体操作如下。

（1）选择文本工具，在圆形中分别输入文本，并在属性栏中设置字体为"方正粗雅宋"，填充为白色，如图 2-33 所示。

（2）继续在下方输入其他广告文本，并在属性栏中设置汉字字体为"方正卡通简体"、数字字体为"方正粗黑宋简体"，填充为红色（R:204,G:66,B:76），如图 2-34 所示。

图 2-33　输入文本　　　　　　　图 2-34　输入广告文本

（3）选择【文件】/【导入】菜单命令，打开"导入"对话框，选择"饮料.tif"文件，将其导入图像中，移动至画面下方，如图 2-35 所示。

（4）选择矩形工具，在画面下方绘制一大一小两个矩形，分别填充为红色（R:190,G:27,B:44）和粉红色（R:244,G:195,B:198），如图 2-36 所示。

图 2-35　添加素材图像　　　　　图 2-36　绘制矩形

（5）选择文本工具，在矩形中输入文本，在属性栏中设置字体为"方正兰亭中黑"，分别填充为红色（R:190,G:27,B:44）和白色，如图 2-37 所示。

图 2-37　输入文本

（6）选择椭圆形工具◯，在饮料图像右侧绘制一大一小两个圆形，填充较大的圆形为桃红色（R:204,G:66,B:76）、较小的圆形为红色（R:190,G:27,B:44），取消轮廓填充，如图 2-38 所示。

（7）选择文本工具字，在圆形中输入文本，分别在属性栏中设置字体为"方正兰亭中粗黑"和"方正粗黑宋简体"，填充为白色，如图 2-39 所示。

图 2-38　绘制圆形

图 2-39　输入文本

（五）再制对象

绘制好大部分的内容后，再通过再制功能绘制一个较大的橘瓣图形，其具体操作如下。

（1）选择椭圆形工具◯，在饮料图像左侧绘制一个圆形，填充为橘黄色（R:241,G:147,B:24），如图 2-40 所示。

（2）在"变换"泊坞窗中单击"大小"按钮，设置"X"和"Y"参数都为 64mm，"副本"为 1，如图 2-41 所示。

（3）单击 应用 按钮后，将图形颜色改变为淡粉色（R:255,G:255,B:197），如图 2-42 所示。

图 2-40　绘制圆形

图 2-41　调整大小参数

图 2-42　改变图形颜色

（4）选择贝塞尔工具✎，在圆形中绘制一个橘瓣图形，取消轮廓填充，填充为红色（R:235,G:15,B:0），然后单击该橘瓣图形，移动其中心点到外侧，如图 2-43 所示。

（5）按住鼠标左键旋转橘瓣图形，同时右击，复制该图形，如图 2-44 所示。

图 2-43　绘制图形并移动中心点

图 2-44　复制图形

（6）选择【编辑】/【再制】菜单命令或按【Ctrl+D】组合键，重复多次操作后，得到旋转复制的排列效果，如图 2-45 所示。

（7）选择贝塞尔工具 ，在橘瓣图形中绘制果肉图形，分别填充为橘黄色（R:240,G:133,B:25）和橘红色（R:235,G:107,B:52），并取消轮廓填充，如图 2-46 所示。完成本任务的制作。

图 2-45　旋转复制的排列效果

图 2-46　绘制果肉图形

任务二　制作旅游网站主页

在使用 CorelDRAW 制作网页时经常需要排列网页中的多张图片，这时可使用分布、排列、对齐等功能，对其进行排列操作，以达到舒适的布局效果。

一、任务目标

本任务将练习用 CorelDRAW X8 制作旅游网站主页，在制作时需要新建图形文件，然后对网页进行大致布局，再导入素材图片和输入相关文本，并对图片和文本进行对齐与分布等操作。通过本例的学习，读者可以掌握图形对象的分布、对齐、排列等操作方法。本任务制作完成后的最终效果如图 2-47所示。

扫一扫

高清大图

图 2-47　旅游网站主页

素材所在位置 素材文件\项目二\任务二\风景 1.jpg ~ 风景 6.jpg、搜索 .cdr
效果所在位置 效果文件 \ 项目二 \ 任务二 \ 旅游网站主页 .cdr

二、相关知识

本任务涉及网页布局版式设计的相关内容，需要用到对齐、分布图形对象等操作。下面简单介绍管理对象的相关操作。

（一）对齐对象

通过对齐对象功能，可以将多个对象整齐地排列，以得到具有一定规律的分布组合效果。选择两个或两个以上的对象，选择【对象】/【对齐和分布】菜单命令，在打开的子菜单中选择所需的对齐命令，或选择"对齐与分布"命令，打开"对齐与分布"泊坞窗，在对齐面板中单击相应按钮即可对齐对象，如图 2-48 所示。

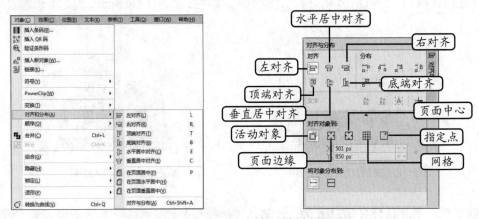

图 2-48 对齐命令与"对齐与分布"泊坞窗

"对齐与分布"泊坞窗的对齐面板中各按钮的含义分别介绍如下。

● **"左对齐"按钮**：单击该按钮可使所选对象的左边缘对齐在同一垂直线上。
● **"水平居中对齐"按钮**：单击该按钮可使所选对象的中心对齐在同一水平线上。
● **"右对齐"按钮**：单击该按钮可使所选对象的右边缘对齐在同一垂直线上。
● **"顶端对齐"按钮**：单击该按钮可使所选对象的顶端对齐在同一水平线上。
● **"垂直居中对齐"按钮**：单击该按钮可使所选对象的中心对齐在同一垂直线上。
● **"底端对齐"按钮**：单击该按钮可使所选对象的底端对齐在同一水平线上。
● **"活动对象"按钮**：单击该按钮可使所选择的对象以上一个选择的对象为参照物进行对齐。
● **"页面边缘"按钮**：选择对齐方式后，单击该按钮可使所选对象与页面边缘对齐。
● **"页面中心"按钮**：选择对齐方式后，单击该按钮可使所选对象与页面中心对齐。
● **"网格"按钮**：选择对齐方式后，单击该按钮可使所选对象与网格对齐。
● **"指定点"按钮**：选择对齐方式后，单击该按钮，在下方输入参考点的位置，或单击该按钮后，在工作区单击指定参考点，可使所选对象与指定的参考点对齐。

多学
一招

参照物的选择

　　在对齐对象时，选择对象的方法不同，对齐的参照物也会不同，这对于分布对象也一样。当采用框选的方法选择对象时，参照物是被选择对象中最底层的对象；而按住【Shift】键选择对象时，参照物是最后一次选择的对象。另外需要注意的是，在对齐对象时，参照物不会移动。

（二）分布图形对象

　　在 CorelDRAW 中，可快速在水平和垂直方向上按不同方式分布对象，也可以在任意选定的范围内或整个页面内分布对象。这主要是通过"对齐与分布"泊坞窗的分布面板来实现的，如图 2-49 所示。

　　分布面板中各按钮的含义如下。

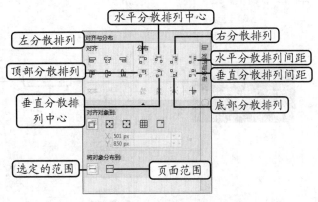

图 2-49　"对齐与分布"泊坞窗

- **"左分散排列"按钮** ：单击该按钮可使所选对象以对象的左边缘为基准等间距分布。

- **"水平分散排列中心"按钮** ：单击该按钮可使所选对象以对象的水平中心为基准等间距分布。

- **"右分散排列"按钮** ：单击该按钮可使所选对象以对象的右边缘为基准等间距分布。

- **"水平分散排列间距"按钮** ：单击该按钮可使所选对象按对象之间的水平间隔等间距分布。

- **"顶部分散排列"按钮** ：单击该按钮可使所选对象以对象的顶端为基准等间距分布。

- **"垂直分散排列中心"按钮** ：单击该按钮可使所选对象以对象的垂直中心为基准等间距分布。

- **"底部分散排列"按钮** ：单击该按钮可使所选对象以对象的底端为基准等间距分布。

- **"垂直分散排列间距"按钮** ：单击该按钮可使所选对象按对象之间的垂直间隔等间距分布。

- **"选定的范围"按钮** ：选择分布方式后，单击该按钮可使所选对象在选择对象的范围内分布。

- **"页面范围"按钮** ：选择分布方式后，单击该按钮可使所选对象在整个页面分布。

三、任务实施

（一）划分网页版块

　　下面首先添加形状与图片，其次对网页布局进行设计，最后通过设置对象在页面中的对齐方式规范版式，其具体操作如下。

微课视频

划分网页版块

（1）新建一个 1002px×1700px 的空白文件，双击工具箱中的矩形工具▢，绘制一个与页面相同大小的矩形。

（2）导入"风景 1.png"文件，将其缩放至与页面相同宽度，然后选择矩形与素材图片，如图 2-50 所示。

（3）选择【对象】/【对齐和分布】/【水平居中对齐】菜单命令，然后选择【对象】/【对齐和分布】/【顶端对齐】菜单命令，将风景图片与矩形顶端居中对齐，如图 2-51 所示。

图 2-50　选择对象

图 2-51　对齐对象

（4）使用选择工具▸单击矩形，按小键盘中的【+】键复制矩形，然后适当缩小矩形，如图 2-52 所示。

（5）将缩小后的矩形填充为灰色（R:238,G:238,B:239），取消轮廓填充，如图 2-53 所示。

（6）选择灰色矩形，再复制两次矩形，填充为浅灰色（R:248,G:247,B:248），并手动分开排放，如图 2-54 所示。

图 2-52　缩小矩形

图 2-53　填充矩形颜色

图 2-54　复制矩形并分开排放

（7）选择 3 个灰色矩形，选择【对象】/【对齐和分布】/【对齐与分布】菜单命令，打开"对齐与分布"泊坞窗，单击"左对齐" ▤ 和"垂直分散排列中心" ⬚ 按钮（如图 2-55 所示），得到对齐分布的灰色矩形（如图 2-56 所示）。

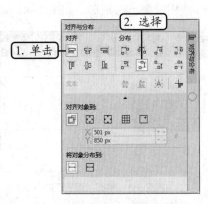

图 2-55　对齐与分布对象

图 2-56　矩形对齐与分布效果

多学一招　**运用快捷键对齐对象**

　　除了使用菜单命令和泊坞窗进行对齐外，还可根据命令后提示的快捷键进行对齐，如选择对象后，按【P】键可将其在页面居中。

（二）对齐分布图形和图片

　　完成网页大致布局后，下面来绘制页面元素、导入图片、排列与对齐图形和图片，使网页更加完善。其具体操作如下。

微课视频

对齐分布图形和图片

　　（1）选择矩形工具□，在风景图片下方绘制一个矩形，如图 2-57 所示。

　　（2）选择该矩形，按住【Ctrl】键向右侧水平移动矩形到合适的位置后右击，在弹出的快捷菜单中选择"复制图形"菜单命令，然后将复制的矩形放到右侧，如图 2-58 所示。

　　（3）再次复制矩形，将其放到中间位置，如图 2-59 所示。

图 2-57　绘制矩形

图 2-58　复制矩形

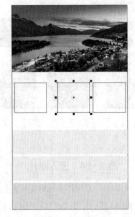

图 2-59　再次复制矩形

　　（4）选择这 3 个矩形，在"对齐与分布"泊坞窗中单击"水平分散排列间距"按钮，得到相同间距的分布排列效果，如图 2-60 所示。

（5）导入"风景 2.jpg"文件，适当调整图片大小，将其放到第一个矩形中，然后选择【对象】/【PowerClip】/【置于图文框内部】菜单命令，使用箭头单击矩形，如图 2-61 所示。

图 2-60　相同间距的分布排列效果

图 2-61　将图片置于矩形中

（6）单击图片下方显示框中的"选择 PowerClip 内容"按钮（如图 2-62 所示），可以调整图片在矩形内部的位置（如图 2-63 所示）。

图 2-62　单击按钮

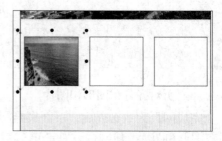

图 2-63　调整位置

（7）导入"风景 3.jpg"和"风景 4.jpg"文件，使用相同的方法，将图片放到其他两个矩形中，然后分别选择矩形，在属性栏中设置轮廓为"无"取消轮廓填充，如图 2-64 所示。

（8）选择矩形工具□，在下面灰色矩形中绘制一个较小的矩形，如图 2-65 所示。

（9）按住【Shift】键的同时选择该矩形与灰色矩形，选择【对象】/【对齐和分布】/【水平居中对齐】菜单命令，得到水平居中对齐效果，如图 2-66 所示。

图 2-64　置入图片

图 2-65　绘制矩形

图 2-66　水平居中对齐

（10）选择步骤（8）绘制的矩形，按住【Ctrl】键向下垂直移动对象，然后将其与中间的灰色矩形水平对齐，如图 2-67 所示。

（11）导入"风景 5.jpg"和"风景 6.jpg"文件，分别将其置入绘制的两个空白矩形，取消轮廓填充，如图 2-68 所示。

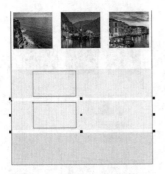

图 2-67 移动并水平对齐对象 图 2-68 置入图片

（三）输入文本并对齐分布

文本能直观地表达设计者的用意，当完成布局图片或图形等元素后，可以在网页中添加与其相关的文本，以完善网页。其具体操作如下。

（1）选择表格工具▦，在属性栏中设置行数为 1、列数为 7，边框为 0.2mm，设置轮廓颜色为蓝色（R:144,G:177,B:196），如图 2-69所示。

（2）在网页顶部绘制表格，如图 2-70 所示。

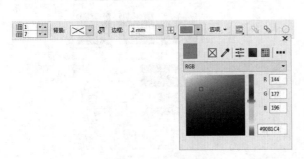

图 2-69 设置表格属性 图 2-70 绘制表格

（3）选择文本工具字，输入文本，并在属性栏中设置字体为"方正艺黑简体"，字体大小为 6pt，分别填充为黑色和深红色（R:159,G:55,B:51），如图 2-71 所示。

（4）选择表格中输入的文本，在"对齐与分布"泊坞窗中分别单击"垂直居中对齐"按钮▣和"水平分散排列间距"按钮▣，得到对齐与分布文本效果，如图 2-72 所示。

图 2-71 输入文本 图 2-72 对齐与分布文本效果

（5）导入"搜索 .cdr"文件，适当调整其大小，将其放到文本下方，如图 2-73 所示。

（6）在下面的版块中输入栏目标题文本，并在属性栏中设置字体为"方正艺黑简体"，填充为黑色，如图 2-74 所示。

图 2-73　导入搜索图形

图 2-74　输入文本

（7）选择文本工具 **字**，在中间版块的风景图片下方输入对应的文本，在属性栏中设置字体为"方正细圆简体"。分别选择文本和对应的图片，将它们垂直居中对齐，然后在文本下方绘制 3 个圆角矩形，填充为红色（R:159,G:55,B:51）和两个灰色（R:161,G:161,B:161），如图 2-75 所示。

（8）在灰色矩形中，分别输入说明性文本，在属性栏中设置字体为"黑体"，然后调整文本大小，如图 2-76 所示。

图 2-75　输入文本并绘制圆角矩形

图 2-76　输入文本

（9）选择说明性文本，按【L】键进行左对齐操作，如图 2-77 所示。

（10）在最底端的矩形中输入 3 组文本，同样对其进行左对齐操作，如图 2-78 所示。

（11）选择矩形工具 **口**，在网页右下角绘制多个不同大小的矩形，按【E】和【C】键使其中心对齐，并在下方输入文本，如图 2-79 所示。完成本任务的制作。

图 2-77　对齐文本

图 2-78　输入其他文本并左对齐

图 2-79　绘制矩形并输入文本

实训一　制作菜谱

【实训要求】

　　菜谱是餐厅中商家用于介绍自己菜品的小册子，里面包含菜品图片、价位、简介等信息。菜谱既是餐厅的消费指南，又是餐厅非常重要的名片。在 CorelDRAW 中制作菜谱时，可以对图形对象进行分布与对齐操作，以排列菜品图片。

【实训思路】

　　制作时先新建图形文件，其次对菜谱的背景进行制作，然后导入素材图片和输入相关文本，最后对图片和文本进行对齐与分布等。本实训的参考效果如图 2-80 所示。

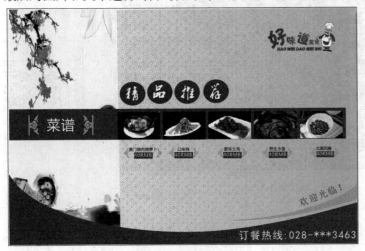

图 2-80　菜谱效果

素材所在位置　素材文件 \ 项目二 \ 实训一 \ 菜单标志 .png、菜单底纹 .png、花纹 .png、装饰背景 .png、菜式 1.png ～ 菜式 5.png

效果所在位置　效果文件 \ 项目二 \ 实训一 \ 菜谱 .cdr

【步骤提示】

微课视频

制作菜谱

　　（1）新建一个 431mm×279mm 的空白文件，并将其保存为"菜谱 .cdr"。

　　（2）在其中导入装饰背景、菜单底纹、菜单标志、菜式等图片，调整至合适大小，将菜单底纹放到背景矩形中并移动各元素位置进行排列。

　　（3）将装饰背景放到页面右侧，使用钢笔工具 绘制矩形与下方的装饰区域。

　　（4）选择菜品图片，在属性栏中设置相同的高度，在"对齐与分布"泊坞窗的分布面板中单击"水平分散排列间距"按钮 ，平均分布菜品图片。

　　（5）使用椭圆形工具 与矩形工具 绘制椭圆形与矩形作为文本底纹。复制并水平排列椭圆形，在其上输入"精品推荐"，填充为白色，按【Ctrl+K】组合键进行拆分，调整文本大小至椭圆形内。

　　（6）选择文本工具 ，分别输入菜谱、菜式名称、价格、欢迎光临、订餐热线文本，在属性栏中设置字体为"方正兰亭中黑""黑体"，然后调整字体大小，完成后保存文件。

实训二　制作邀请函

【实训要求】

邀请函作为现代企业社交常用的一种应用写作文种，经常出现在人们的生活中。本实训将制作一张公司周年庆邀请函，要求典雅、大方，具有喜庆氛围。本实训的参考效果如图 2-81 所示。

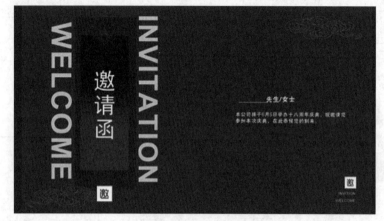

图 2-81　邀请函效果

【实训思路】

根据设计要求，充分把握邀请函的设计风格，制作时将用到对齐、排列、缩放、复制等操作。

素材所在位置　素材文件 \ 项目二 \ 实训二 \ 祥云 .tif、邀 .cdr、花纹 .cdr
效果所在位置　效果文件 \ 项目二 \ 实训二 \ 邀请函 .cdr

【步骤提示】

（1）新建一个 180mm×100mm 的空白文件，选择矩形工具□绘制一个 90mm×100mm 的矩形，填充为深红色（R:144,G:29,B:29）。

（2）打开"对齐与分布"泊坞窗，选择矩形，单击"右对齐"按钮和"页面边缘"按钮，将矩形与页面右对齐。

（3）复制矩形，在"对齐与分布"泊坞窗中单击"左对齐"按钮，得到左对齐效果。

（4）选择矩形工具□，在左侧邀请函中绘制一个渐变色矩形。复制对象后，按【Shift】键中心缩小，并改变渐变颜色为紫色（R:95,G:11,B:11）到红色（R:164,G:32,B:30）。

（5）选择文本工具字，在邀请函中输入文本并添加素材图片。

（6）选择【文件】/【保存】菜单命令，保存文件。

常见疑难解析

问：在对对象进行组合后，可以选择其中的某个对象吗？

答：可以。按住【Ctrl】键并使用选择工具 单击组合中的某个对象，可以在不取消组合的情况下选择该对象。

问：在 CorelDRAW X8 中哪些变换操作可以再制？

答：移动、旋转、镜像、缩放以及倾斜操作都可以进行再制。

问：对对齐后的图形进行了变换操作后，可以将其恢复到变换前的状态吗？

答：可以。选择【对象】/【变换】/【清除变换】菜单命令，可删除对象执行的所有变换操作，包括旋转、倾斜、缩放等。

拓展知识

如果在一个文件中需要重复使用同一个对象，除了通过复制与再制对象外，还可利用 CorelDRAW 提供的创建符号功能，将该对象转换为符号，以便以后直接进行插入。且当某个符号被修改后，应用了该符号的文件也将做相应的修改。因此如果一个文件中需要重复使用某个对象，可将该对象转换为符号，以提高工作效率。

- **创建符号**：选择需要转换为符号的对象，选择【对象】/【符号】/【新建符号】菜单命令，打开"创建新符号"对话框，在"名称"文本框中输入符号的名称，然后单击 确定 按钮即可。创建了符号后，选择【对象】/【符号】/【符号管理器】菜单命令，在打开的"符号管理器"泊坞窗中可以看到所创建的符号。
- **插入举例**：创建好符号后，可以使用符号插入举例。其方法为选择【对象】/【符号】/【符号管理器】菜单命令，打开"符号管理器"泊坞窗，在该泊坞窗中选择需要插入举例的符号对象，然后单击泊坞窗左下角的"插入符号"按钮 。
- **编辑符号**：在"符号管理器"泊坞窗中可对符号进行编辑。其方法为在该泊坞窗中选择需要编辑的符号，单击"编辑符号"按钮或选择【对象】/【符号】/【编辑符号】菜单命令即可根据需要对符号进行编辑。对符号编辑完后，选择【对象】/【符号】/【完成编辑符号】菜单命令，完成符号的编辑操作。
- **中断举例**：中断举例即切断举例和符号之间的连接。中断举例后，如果用户对符号进行了修改，不会影响到其他文件中插入该符号的举例。这样即使修改了符号，被中断的举例也不会受到影响。其方法为选择需要中断举例的符号，选择【对象】/【符号】/【还原到对象】菜单命令，将应用的符号与源符号中断。
- **删除符号**：在"符号管理器"泊坞窗中选择需要删除的符号对象，然后单击"删除符号"按钮 ，根据提示进行操作即可删除符号。

课后练习

（1）利用提供的素材制作咖啡宣传单。要求左侧素材图片与页面左侧对齐，右侧素材图片与页面右边缘对齐，再将其他图片进行水平分散对齐，完成后的效果如图 2-82 所示。

图 2-82　咖啡宣传单效果

素材所在位置　素材文件 \ 项目二 \ 课后练习 \1.png ～ 8.png、背景 .png、文本 .cdr、标志 .png

效果所在位置　效果文件 \ 项目二 \ 课后练习 \ 咖啡宣传单 .cdr

（2）利用提供的素材制作音乐海报。首先在页面中按角度平均分布条纹，然后将相应的素材图片应用到背景中，最后调整整个页面布局，使其排列整齐、配色合理。完成后的效果如图 2-83 所示。

图 2-83　音乐海报效果

素材所在位置　素材文件 \ 项目二 \ 课后练习 \ 音乐海报素材 .cdr

效果所在位置　效果文件 \ 项目二 \ 课后练习 \ 音乐海报 .cdr

项目三
绘制与编辑线条

情景导入

　　米拉想使用CorelDRAW制作一幅插画，可又觉得操作起来很烦琐。老洪告诉他，只要掌握各种线条绘制工具的使用方法即可，插画一般可以使用钢笔工具来勾勒。老洪的话让米拉茅塞顿开，他决定要好好学习线条工具的使用方法。

学习目标

● 掌握蛋糕VIP卡的制作方法

　　如使用手绘工具绘制自由曲线、使用贝塞尔工具和形状工具绘制并编辑节点等。

● 掌握零食包装盒的制作方法

　　如使用钢笔工具绘制直线和曲线、使用艺术笔工具绘制艺术图形、使用度量工具测量对象等。

素质目标

　　培养创新意识和良好的构图能力，培养耐心认真的工作态度。

案例展示

▲制作蛋糕VIP卡

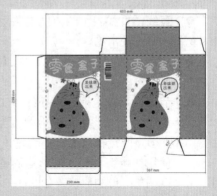

▲制作零食包装盒

任务一　制作蛋糕 VIP 卡

在 CorelDRAW 中，将贝塞尔工具和形状工具结合使用，可以绘制和编辑出各种各样的复杂图形。本任务将制作一个蛋糕 VIP 卡，下面具体介绍其制作方法。

一、任务目标

本任务将使用手绘工具、折线工具、贝塞尔工具等来绘制蛋糕 VIP 卡，然后切换到形状工具，编辑线条的属性与节点的属性，从而得到满意的效果。通过本任务的学习，读者可以掌握在 CorelDRAW X8 中使用线条绘制工具绘制需要的图形的方法。本任务制作完成后的效果如图 3-1 所示。

图 3-1　蛋糕 VIP 卡

> **效果所在位置**　效果文件 \ 项目三 \ 任务一 \ 制作蛋糕 VIP 卡 .psd

二、相关知识

本任务制作过程中涉及直线、曲线、节点、手绘工具、贝塞尔工具、3 点曲线工具、折线工具与 B 样条工具的使用，下面对这些工具进行简单介绍。

（一）认识直线、曲线与节点

在 CorelDRAW X8 中，线条是构成矢量图基本的元素，使用绘图工具不仅可以绘制直线，还可以绘制曲线。而节点是控制线条起始端点、弯曲位置必不可少的要素。下面分别进行介绍。

- **直线**：直线表示两点间的最短距离，在几何图形中比较常见。
- **曲线**：曲线是动点运动时方向连续变化所构成的线段。
- **节点**：节点是指分布在线条上的小方块，用于控制线条的形状。使用形状工具选择节点后，在节点两端将出现蓝色的虚线，即节点控制柄。使用形状工具选择节点后通过拖动控制柄可以调整图形的形状，如图 3-2 所示。

图 3-2　节点与节点控制柄

（二）认识节点属性

在 CorelDRAW X8 中，节点的属性设置主要通过形状工具 的属性栏进行。使用形状工具 选择一条曲线，其属性栏如图 3-3 所示。其中各按钮的含义如下。

图 3-3　形状工具属性栏

- **添加节点** 按钮：单击该按钮，可在线条上增加一个节点。
- **删除节点** 按钮：单击该按钮，可在线条上删除一个节点。
- **断开曲线** 按钮：单击该按钮，可将曲线上的一个节点分为两个节点，将原曲线断开为两段曲线，以方便分别编辑这两段曲线，如图 3-4 所示。
- **链接两个节点** 按钮：单击该按钮，可将断开的两曲线节点由一条线段连接起来，形成闭合曲线，如图 3-5 所示。

图 3-4　断开曲线　　　　　　　　　　　　图 3-5　连接两端节点

- **转换为线条** 按钮：单击该按钮，可将曲线转换为直线。
- **转换为曲线** 按钮：单击该按钮，可将直线转换为曲线。拖动节点一边的控制柄，另外一边也将随之变化，并生成平滑的曲线。
- **尖突节点** 按钮：单击该按钮，可将节点转换为尖突节点，如图 3-6 所示。拖动节点一边的控制柄，另外一边的曲线将不会发生变化。该按钮常用于制作尖角。
- **平滑节点** 按钮：单击该按钮，可将节点转换为平滑节点，如图 3-7 所示。拖动节点一边的控制柄，另外一边的线条也会跟之移动，它们之间的线段将产生平滑的过渡。
- **对称节点** 按钮：单击该按钮，可将节点转换为对称节点，如图 3-8 所示。对节点一边的控制柄进行编辑时，另一边的线条也会发生相应变化。

图 3-6　尖突节点　　　　　图 3-7　平滑节点　　　　　图 3-8　对称节点

- **反转方向** 按钮：单击该按钮，可以反转开始节点和结束节点的位置。
- **延长曲线使之闭合** 按钮：单击该按钮，可以使用直线连接开始节点和结束节点来闭合曲线。
- **闭合曲线** 按钮：单击该按钮，可以结束或分离曲线的末端节点。

- **延长与缩放节点 🔲 按钮**：单击该按钮，可以延长与缩放曲线对象的线段。
- **旋转与倾斜节点 ⟳ 按钮**：单击该按钮，可使节点变为旋转与倾斜状态。在相应的控制柄处拖动鼠标即可旋转与倾斜所选择的节点。
- **对齐节点 ⬚ 按钮**：选择需要对齐的多个节点，然后单击该按钮，在打开的"节点对齐"对话框中进行设置即可，如图 3-9 所示。
- **选择所有节点 ⬚ 按钮**：单击该按钮，将选择指定图形上的所有节点。
- **水平／垂直反射节点 按钮和 ⋮ 按钮**：同时选择水平或垂直方向对应的两个节点，单击相应的按钮，调整水平或垂直方向任意一个节点时，另一个节点也会发生相应变化，如图 3-10 所示。

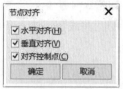

图 3-9　"节点对齐"对话框

图 3-10　水平反射节点

- **弹性模式 🔲 按钮**：单击该按钮，可以像拉伸橡皮筋一样为曲线创建一种形状。
- **减少节点 减少节点 按钮**：通过自动删除选定内容中的节点来提高曲线的平滑度。
- **"曲线平滑度"文本框 ⌃ 0 ⊹**：在其中输入数值，可以改变节点数量，从而调整曲线的平滑度。

（三）手绘工具

手绘工具 📖 提供了最直接的绘图方法。选择工具箱中的手绘工具 📖（或按【F5】键）后，在绘图区中拖动鼠标即可绘制出直线、曲线、折线，其绘制方法分别介绍如下。

- **绘制直线**：分别在起点和终点位置单击，可以在两点之间绘制一条任意角度的直线。在确定起点后，按住【Ctrl】键的同时，移动鼠标指针到所需位置可绘制水平或垂直线条。
- **绘制曲线**：在起点位置按住鼠标左键移动鼠标指针，可按鼠标指针移动轨迹绘制曲线，绘制完成后释放鼠标即可。
- **绘制折线**：绘制连续的折线时可在终点位置双击以继续进行绘制。

选择绘制的线条，在手绘工具 📖 的属性栏中可以设置线条起始端、线条终端、线条样式、线条的宽度和手绘平滑度等属性，如图 3-11 所示。

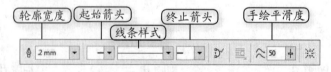

图 3-11　手绘工具属性栏

多学一招

快速闭合曲线

如果需要使用手绘工具绘制一个闭合的曲线，在绘制曲线回到起点时，单击属性栏中的"闭合曲线"按钮 🔲，即可快速与起点处连接，得到闭合的曲线。

- **轮廓宽度**：在该下拉列表框中可输入或选择线条的粗细值。
- **起始箭头与终止箭头**：在该下拉列表框中可分别选择线条两端的箭头样式，如图 3-12 所示。
- **线条样式**：在该下拉列表框中可将线条设置为虚线样式，如图 3-13 所示。

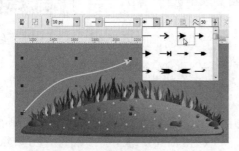 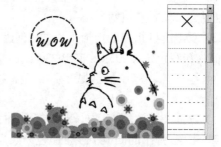

图 3-12　选择起始箭头与终止箭头样式　　　　图 3-13　设置线条样式

- **手绘平滑度**：在绘制曲线前，可以通过该文本框设置线条的平滑度，值越大，节点越少，曲线就越平滑。

（四）贝塞尔工具和 3 点曲线工具

使用贝塞尔工具 可以提高绘制线条的精确度。其使用方法较简单，分别介绍如下。

- **绘制直线或连续线段**：使用贝塞尔工具 在绘图区中依次单击，即可绘制直线或连续线段。
- **绘制曲线**：单击可确定曲线的起始点，移动鼠标指针到合适位置后再次单击并拖动鼠标，在节点的两边会出现一条控制柄，如图 3-14 所示，同时形成曲线。移动鼠标指针后依次单击并拖动鼠标，即可绘制出连续的曲线，如图 3-15 所示。
- **绘制闭合与未闭合曲线**：将鼠标指针放置在创建的起始点上单击，即可将曲线闭合，如图 3-16 所示。在没有闭合曲线前，按【Enter】键、空格键或选择其他工具，即可结束操作。

图 3-14　出现的控制柄　　　图 3-15　绘制的连续曲线　　　图 3-16　闭合曲线

　　选择工具箱中的 3 点曲线工具 ，在绘图区中按住鼠标左键，向任意方向拖动鼠标，确定曲线的两个端点，至合适位置后释放鼠标，再移动鼠标指针确定曲线的弧度，至合适位置后再次单击即可绘制曲线。

（五）折线工具与 B 样条工具

　　选择工具箱中的折线工具 ，在绘图区中依次单击，可绘制连续的线段；在绘图区中移动鼠标指针，可沿鼠标指针移动的轨迹绘制曲线。在终点处双击，可结束操作。如果将鼠标指针移到创建的起始点位置后单击，也可绘制闭合曲线，生成不规则的图形。

　　B 样条工具 可以通过两条直线连续地描绘多个节点曲线的轨迹。其使用方法为选择 B 样条工具，在绘图区中按住鼠标左键拖动鼠标绘制出曲线轨迹，在需要变换的地方单击，添加一个轮廓控制点，继续拖动鼠标即可改变曲线轨迹。

三、任务实施

（一）使用贝塞尔工具

微课视频

使用贝塞尔工具

下面利用贝塞尔工具 ⊘ 绘制饼干图形，其具体操作如下。

（1）新建一个文件，在"页面大小"下拉列表中选择"名片"，设置页面大小，如图 3-17 所示。

（2）双击工具箱中的矩形工具 □，创建一个与页面相同大小的矩形，填充为淡绿色（R:233,G:255,B:230），如图 3-18 所示。

（3）选择工具箱中的椭圆形工具 ○，按住鼠标左键拖动鼠标，绘制一个椭圆形，如图 3-19 所示。

（4）选择交互式填充工具 ◇，在属性栏中单击"均匀填充"按钮 ■，单击右侧的填充色按钮 ■▾，在弹出的面板中设置颜色为淡蓝色（C:18,M:0,Y:3,K:0），如图 3-20 所示。

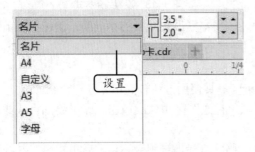

图 3-17　设置页面大小

图 3-18　绘制矩形

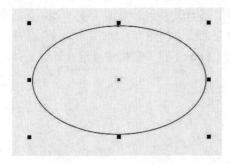

图 3-19　绘制椭圆形

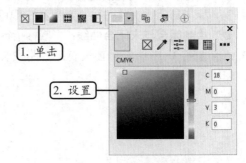

图 3-20　设置填充颜色

（5）填充好颜色后，右击"无填充"按钮 ⊠，取消轮廓，如图 3-21 所示。

（6）选择椭圆形，按小键盘中的【+】键复制对象，并向上移动复制的对象，改变其颜色为淡黄色（R:253,G:248,B:185），如图 3-22 所示。

图 3-21　填充效果

图 3-22　复制并移动对象

（7）再次复制淡蓝色椭圆形，并向上移动复制的对象，得到叠加图形效果，如图 3-23 所示。

（8）选择贝塞尔工具 ![贝塞尔工具图标]，在最上层的椭圆形中单击确定起点，然后将鼠标指针移动到另一侧单击并按住鼠标左键拖动鼠标绘制曲线，如图 3-24 所示。

图 3-23　叠加图形效果

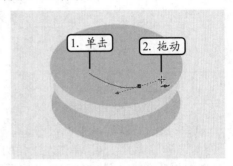

图 3-24　绘制曲线

（9）继续在其他位置单击确定节点，同时按住鼠标左键拖动鼠标，调整曲线方向，如图 3-25 所示。然后回到起点处，得到闭合图形，如图 3-26 所示。

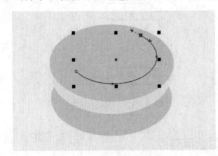

图 3-25　调整曲线方向

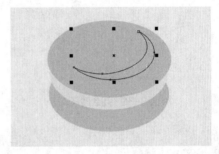

图 3-26　闭合图形

（10）将对象填充为白色，并取消轮廓，如图 3-27 所示。使用选择工具 ![选择工具图标]框选所有曲线和椭圆形对象，按【Ctrl+G】组合键组合对象，然后适当缩小并旋转对象。

（11）复制几次对象，在矩形中进行排列，得到饼干底纹背景，如图 3-28 所示。

图 3-27　填充颜色

图 3-28　复制并排列对象

（二）使用折线工具并编辑曲线

折线工具 ![折线工具图标]只能绘制出直线，当我们绘制好直线后，可以使用形状工具 ![形状工具图标]将直线变换为曲线，并进行编辑。其具体操作如下。

（1）选择折线工具 ![折线工具图标]，在绘图区空白处单击确定起点，然后向下拖动鼠标绘制出一条直线，如图 3-29 所示。

（2）到合适的位置后，再次单击确定节点，继续拖动鼠标，绘制

微课视频

使用折线工具
并编辑曲线

第二条直线，如图 3-30 所示。

图 3-29　绘制直线　　　　　　　　　图 3-30　绘制第二条直线

（3）继续绘制直线，得到所需的图形后，回到起点处，得到闭合图形，如图 3-31 所示。

（4）选择形状工具，单击左下角的节点，单击属性栏中的"转换为曲线"按钮，然后选择控制柄调整曲线，如图 3-32 所示。

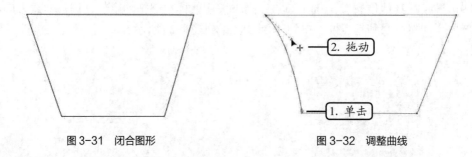

图 3-31　闭合图形　　　　　　　　　　图 3-32　调整曲线

多学 一招　　　　　　　**使用形状工具选择节点**

　　在使用形状工具时，将鼠标指针移至有节点的位置，其节点处有一个小的蓝色空心正方形，单击该节点后会变为实心的蓝色正方形。按住鼠标左键拖动鼠标或按住【Shift】键依次单击需要选择的节点可选择多个节点，按【Home】键可选择路径中的第一个节点，按【End】键可选择路径中的最后一个节点。

（5）单击右上方的节点，将其转换为曲线，然后拖动控制柄，调整曲线，如图 3-33 所示。

（6）使用形状工具框选对象底端两个节点（如图 3-34 所示），然后单击属性栏中的"转换为曲线"按钮和"平滑节点"按钮。

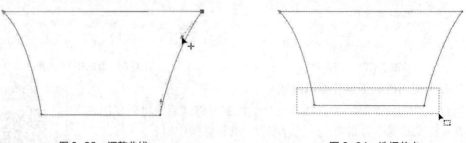

图 3-33　调整曲线　　　　　　　　　图 3-34　选择节点

（7）使用形状工具调整控制柄，将图形编辑成图 3-35 所示的曲线。

（8）将编辑好的图形填充为蓝色（R:92,G:124,B:188），取消轮廓，如图 3-36 所示。

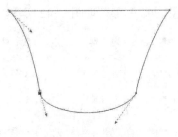

图 3-35 编辑曲线

图 3-36 填充颜色

（三）使用手绘工具

对于一些较为随意的线条，可以使用手绘工具 🖉 来完成，其具体操作如下。

（1）选择椭圆形工具 ○，在蓝色对象上方绘制一个椭圆形，填充为黄色（R:255,G:245,B:130），并取消轮廓，如图 3-37 所示。

（2）选择手绘工具 🖉，在属性栏中设置"手绘平滑"为 100，然后在椭圆形下方按住鼠标左键拖动鼠标，绘制一条曲线，如图 3-38 所示。

微课视频

使用手绘工具

图 3-37 绘制椭圆形

图 3-38 绘制曲线

（3）双击状态栏右侧的轮廓笔工具 ◊，打开"轮廓笔"对话框，设置"颜色"为深蓝色（R:51,G:65,B:131）、"宽度"为 12px，如图 3-39 所示。

（4）单击 确定 按钮，得到图 3-40 所示的线条效果。

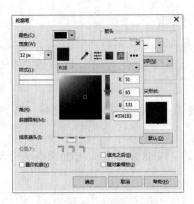

图 3-39 设置轮廓属性

图 3-40 线条效果

（5）使用相同的方法绘制出其他几条曲线，如图 3-41 所示。

（6）选择手绘工具 ，在椭圆形上绘制一个不规则曲线图形，如图 3-42 所示。

图 3-41 绘制其他曲线　　　　　　　图 3-42 绘制不规则曲线图形

（7）选择形状工具 ，选择曲线下方的节点，单击属性栏中的"尖突节点"按钮 ，然后拖动节点两侧的控制柄，调整曲线，如图 3-43 所示。

（8）继续选择右侧中间和顶部的节点，单击属性栏中的"尖突节点"按钮 ，再调整曲线，如图 3-44 和图 3-45 所示。

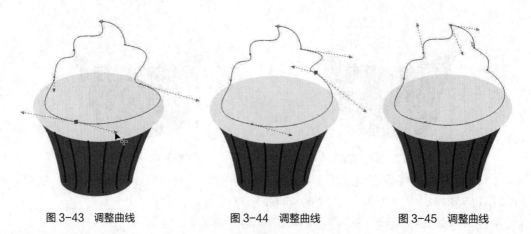

图 3-43 调整曲线　　　　　　图 3-44 调整曲线　　　　　　图 3-45 调整曲线

多学一招　　　　　　　　　　**识别控制柄弯曲度**

在绘制曲线的过程中，需要对控制柄的弯曲度有所识别。

①控制柄的方向决定曲线弯曲的方向，控制柄在下方时，曲线向下弯曲；反之则向上弯曲。

②控制柄离曲线较近时，曲线的曲度较小；控制柄离曲线较远时，曲线的曲度则较大。

③曲线的控制柄可分左、右两个，蓝色的箭头非常形象地指明了曲线的方向。

（9）选择左侧曲线节点进行编辑，得到更具有造型感的外形效果，如图 3-46 所示。

（10）编辑好图形后，将其填充为粉红色（R:255,G:143,B:143），并取消轮廓，如图 3-47 所示。

（11）选择饼干图形中的白色曲线对象，按小键盘中的【+】键复制对象，调整大小后，将其放到蛋糕图形中，如图3-48所示。

图3-46 编辑左侧曲线　　　　　图3-47 填充图形　　　　　图3-48 添加白色曲线对象

（12）改变白色曲线对象颜色为粉红色（R:255,G:229,B:232），然后复制几次对象，并适当调整图形大小和旋转角度，将其放到蛋糕图形中，如图3-49所示。

（13）选择椭圆形工具◯，在蛋糕图形中绘制多个圆形和椭圆形，为其填充多种颜色，得到彩色颗粒效果，如图3-50所示。

（14）选择椭圆形工具◯，按住【Shift】键绘制一个圆形，将其填充为红色（R:198,G:12,B:0），再使用贝塞尔工具✐在其中绘制一个月牙图形，填充为白色，如图3-51所示。

图3-49 复制对象　　　　　图3-50 彩色颗粒效果　　　　　图3-51 绘制圆形和月牙图形

多学一招　　　　　　　　**快速转换线条为对象**

　　绘制线条后，可以按【Ctrl+Shift+Q】组合键将线条转换为对象，再使用形状工具对线条的粗细、形状进行编辑。

（15）选择手绘工具✎，在红色圆形左上方绘制一条曲线，得到樱桃图形，将其放到蛋糕图形顶部，如图3-52所示。

（16）选择所有蛋糕图形的元素，将其放到饼干背景中，如图3-53所示。

图 3-52　添加樱桃图形　　　　　　　　　　图 3-53　调整蛋糕图形位置

（17）选择蛋糕图形，按小键盘中的【+】键复制对象，然后删除其中部分图形，如图 3-54 所示。

（18）缩小复制的蛋糕图形后将其放到卡片的左上方，再选择文本工具字，在其中输入文本，填充为蓝色（R:0,G:51,B:153），如图 3-55 所示。

图 3-54　复制并删除图形　　　　　　　　　图 3-55　缩小图形并输入文本

（19）选择文本工具字输入其他文本，可以根据喜好设置不同的字体和颜色，如图 3-56 所示。完成本任务的制作。

图 3-56　输入其他文本

任务二　绘制零食包装盒

使用线条绘制工具可以绘制一些效果图与结构图。本任务将使用钢笔工具、艺术笔工具、度量工具组绘制一个零食包装盒。

一、任务目标

本任务将使用钢笔工具、艺术笔工具和度量工具组来制作零食包装盒，制作时先利用钢笔工具创建包装盒平面轮廓，再使用钢笔工具和形状工具绘制出卡通形象，然后选择艺术笔工具绘制出花朵图形和写出艺术文本，最后使用各种度量工具测量结构尺寸。通过本任务的学习，读者可以掌握钢笔工具、艺术笔工具、度量工具组的用法。本任务制作完成后的最终效果如图 3-57 所示。

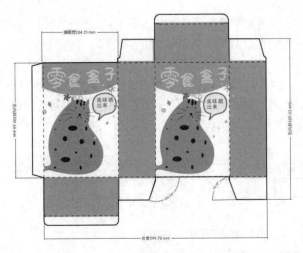

图 3-57　零食包装盒平面效果图

效果所在位置　效果文件\项目三\任务二\零食包装盒.cdr

二、相关知识

本任务涉及一些线条工具和度量工具的使用，下面简单介绍钢笔工具、艺术笔工具、度量工具、连接器工具组的相关知识，以帮助读者快速完成零食包装盒的制作。

（一）钢笔工具

钢笔工具和贝塞尔工具的功能与使用方法类似，只是钢笔工具相比贝塞尔工具更好控制，且在绘制图形过程中可预览鼠标指针的移动方向、自动添加或删除节点，以及编辑曲线，分别介绍如下。

- **进入预览模式**：在钢笔工具的属性栏中单击选中"预览模式"按钮，在绘制线条时将出现蓝色预览线，可预览鼠标指针的移动方向和移动路径，如图 3-58 所示。
- **自动添加或删除节点**：在钢笔工具的属性栏中单击"自动添加或删除节点"按钮，将鼠标指针移至线条无节点的位置，此时鼠标指针呈 ♦+ 形状，单击可快速添加节点；将鼠标指针移至线条的节点上，此时鼠标指针呈 ♦− 形状，单击可自动删除该节点，如图 3-59 所示。

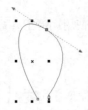

图 3-58　进入预览模式

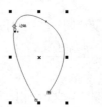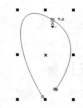

图 3-59　自动添加或删除节点

- **编辑曲线**：选择钢笔工具后，按住【Ctrl】键可使用钢笔工具编辑已有或正在绘制的线条，其编辑方法与形状工具的编辑方法类似。

（二）艺术笔工具

使用艺术笔工具可以快速创建图案和笔触效果。艺术笔工具属性栏提供了预设、笔刷、喷涂、书法和压力 5 种样式，不同的样式可以创建出不同的绘制效果。下面分别进行介绍。

1. 预设

该笔触模式有多种预设样式，主要模拟笔触在开始和末端处的粗细变化。在属性栏中单击"预设"按钮，设置好相应属性参数，如图 3-60 所示；然后在绘图区中按住鼠标左键并拖动鼠标，即可绘制出像毛笔绘制的线条样式。其参数分别介绍如下。

图 3-60　艺术笔工具预设属性栏

- **"预设笔触"下拉列表框**：选择绘制线条和曲线的笔触。
- **"手绘平滑"文本框**：设置线条的平滑度，最大值为 100。
- **"笔触宽度"文本框**：设置艺术笔笔触的宽度。
- **"随对象一起缩放笔触"按钮**：选择艺术笔的绘制对象后，单击该按钮可在缩放对象时一起缩放艺术笔宽度。图 3-61 所示为随对象一起缩放笔触前后的缩放效果。

图 3-61　随对象一起缩放笔触前后的缩放效果

- **"边框"按钮**：单击该按钮将隐藏绘制对象周边的黑色控制点。

2. 笔刷

笔刷样式提供了多种笔刷笔触样式，可以模拟笔刷绘制的效果，方便绘制各种不同样式的特殊效果。在属性栏中单击"笔刷"按钮，选择笔刷的类别与笔触，设置好相应属性参数后，拖动鼠标即可得到笔刷效果，如图 3-62 所示。笔触颜色可在调色板中设置。通过单击属性栏中的"浏览"按钮、"保存艺术笔触"按钮或"删除"按钮可打开文件夹自定义的笔刷、将绘制的图形保存为笔刷或删除笔刷样式列表中自定义的笔刷。

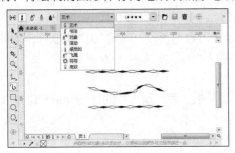

图 3-62　笔刷效果

3. 喷涂

喷涂是指通过喷射一组图案进行绘制，其提供的艺术效果丰富。在属性栏中单击"喷涂"按钮，设置好喷涂类别、喷射图样、喷涂对象大小、喷涂对象间距、喷涂列表、顺序等参数后，拖动鼠标即可得到喷涂效果，如图 3-63 所示。

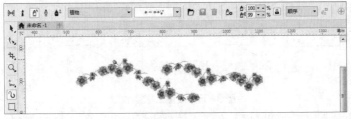

图 3-63　喷涂效果

> **多学一招　添加图案组合顺序**
>
> 　　在属性栏中单击"喷涂列表选项"按钮，可在打开的对话框中添加需要组合的图案、调整图案组合的顺序等。

4. 书法

在属性栏中单击"书法"按钮，可以绘制出类似书法笔触效果的线条，如图 3-64 所示。在属性栏中可以设置笔触宽度和书法角度。

5. 压力

在属性栏中单击"压力"按钮，可以模拟笔的压力效果，得到自然的手绘效果，如图 3-65 所示。在属性栏中可以设置手绘平滑和笔触宽度，从而得到不一样的艺术效果。压力样式适合于表现细致且变化丰富的线条。

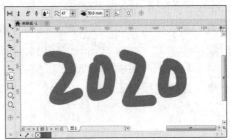

图 3-64　书法效果　　　　　图 3-65　压力效果

（三）度量工具

度量工具主要用于为工程图、平面效果图、产品结构图等标注尺寸、角度等。其中，尺寸标注是工程图中必不可少的部分，它不仅可以显示对象的长度和宽度等尺寸信息，还可以显示对象之间的距离，这样可为实施设计方案提供准确的依据。

1. 各度量工具的作用

在平行度量工具上按住鼠标左键，将展开度量工具组。各度量工具的作用分别介绍如下。

● **平行度量工具**：测量直线或斜线的尺寸。
● **水平或垂直度量工具**：测量对象的横向和纵向尺寸。
● **角度量工具**：测量对象的角度。
● **线段度量工具**：标注对象线段尺寸。
● **3 点标注工具**：可通过绘制旁引线来为对象添加注解。

2. 设置度量属性

选择度量工具后，在其属性栏中可设置度量精度、单位等度量参数，如图 3-66 所示。主要属性介绍如下。

图 3-66　度量工具属性栏

● **"度量样式"下拉列表框**：在该下拉列表框中可选择所需的度量样式。
● **"度量精度"下拉列表框**：在该下拉列表框中可设置标注数值小数点后的位数。
● **"度量单位"下拉列表框**：在该下拉列表框中可以选择度量标注线的尺寸单位。
● **"显示单位"按钮**：默认状态下该按钮为选中状态，单击该按钮使其呈未选中状态，将隐藏标注数值的单位。
● **"前缀"文本框和"后缀"文本框**：可在"前缀"或"后缀"文本框中输入文本、数字或符号，输入的文本将显示在标注数值的头部或尾部。
● **"动态度量"按钮**：单击该按钮将激活尺寸标注属性栏选项，默认状态为选中状态。当度量线更改大小后，将自动更新度量线测量。
● **"文本位置"按钮**：单击该按钮后可在打开的下拉列表中选择标注文本的位置。

（四）连接器工具

除了使用线条工具创建连接线外，还可使用连接器工具进行创建。连接器工具方便在两个对象之间建立连接，并且创建连接线后，移动对象时，连接线会自动变换，以保持连接状态。根据连接线条的不同可以将连接器工具分为以下几种。

● **直线连接器工具**：用于绘制直线连接，绘图区中的对象四周将出现红色的锚点。在一个节点或锚点上拖动鼠标到另一个节点或锚点处单击，即可在两个节点或锚点之间创建连接线，如图 3-67 所示。
● **直角连接器工具**：用于绘制折线连接，使用方法与直线连接器工具类似，效果如图 3-68 所示。

图 3-67　直线连接　　　　　　　　　　　　　　图 3-68　直角连接

- **圆直角连接符工具** ：用于绘制曲线连接，使用方法与直线连接器工具类似。
- **编辑锚点工具** ：通过编辑锚点来修改连接线。在对象上双击可添加锚点、按【Delete】键可删除锚点，通过按住鼠标左键，拖动锚点可改变连接线。

三、任务实施

（一）使用钢笔工具绘制零食包装盒轮廓图

在绘制一些复杂的线条时，为了方便自由绘制直线与曲线，以及在绘制过程中编辑绘制的曲线，提高工作效率，可使用钢笔工具 来绘制。下面将绘制零食包装盒的轮廓，其具体操作如下。

（1）新建一个大小为 260mm×185mm 的图形文件，将其保存为"零食包装盒 .cdr"。

> 微课视频
>
> 使用钢笔工具绘制零
> 食包装盒轮廓图

（2）按住工具箱中的手绘工具 ，在其展开的列表中单击钢笔工具 ，在工具属性栏中单击"预览模式"按钮 ，将鼠标指针移到绘图区中心线右侧，鼠标指针变为 形状，单击指定起点，移动鼠标指针到适当位置后再次单击，可预览线条效果，如图 3-69 所示。

（3）继续移动鼠标指针，单击可指定直线的其他节点，多次操作后，可连续绘制直线，如图 3-70 所示。

图 3-69　开始绘制直线　　　　　　　　　图 3-70　连续绘制直线

（4）移动鼠标指针到另一个节点后单击，并按住鼠标左键拖动鼠标，可绘制出曲线，如图 3-71 所示。

（5）向右侧移动鼠标指针，单击绘制出一条直线，然后绘制出曲线。如果绘制错误，可按【Ctrl+Z】组合键撤销当前的绘制操作。在绘制时按住【Ctrl】键可使用形状工具 的编辑方法编辑绘制的线条，如图 3-72 所示。释放【Ctrl】键即可恢复钢笔工具 继续进行绘制。

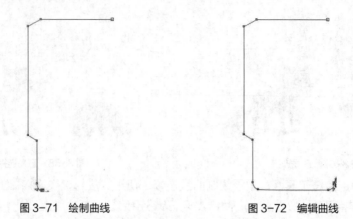

图 3-71　绘制曲线　　　　　　　　　　　图 3-72　编辑曲线

（6）移动鼠标指针并继续在其他位置单击，绘制出直线，如图 3-73 所示。再绘制部分曲线，回到起点处，得到闭合图形，如图 3-74 所示。

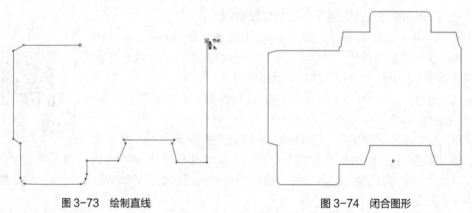

图 3-73　绘制直线　　　　　　　　　　　图 3-74　闭合图形

（7）选择绘制好的包装盒轮廓图，在属性栏中设置"轮廓宽度"为 24px，得到轮廓加粗效果，如图 3-75 所示。

（8）选择钢笔工具，在属性栏中设置"轮廓宽度"为 9px，再选择一种线条样式，如图 3-76 所示。

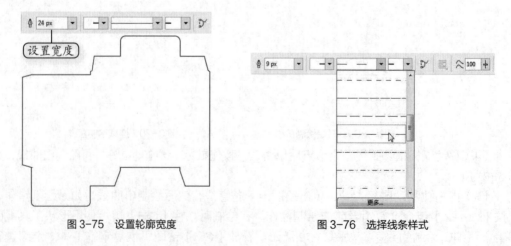

图 3-75　设置轮廓宽度　　　　　　　　　图 3-76　选择线条样式

绘图前的准备

　　在绘制复杂图形的轮廓时，想要快速达到满意的绘图效果，可先在草稿纸上绘制草图，然后按照比例进行轮廓的绘制。

　　（9）在包装盒左侧顶点处单击，然后在下方节点处单击，绘制出一条包装盒的折痕线段，如图 3-77 所示。

　　（10）使用相同的方法，在包装盒其他位置绘制出折痕线段，如图 3-78 所示。

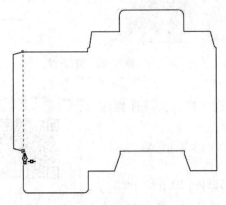

图 3-77　绘制折痕线段　　　　　　图 3-78　绘制其他折痕线段

　　（11）下面将按照设计图在包装盒内绘制色块。选择矩形工具□绘制一个矩形，填充为黄色（R:239,G:169,B:63），并取消轮廓，如图 3-79 所示。

　　（12）继续在其他位置绘制矩形，填充为相同的颜色，如图 3-80 所示。

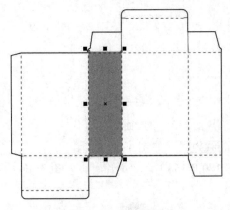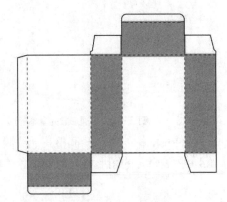

图 3-79　绘制矩形　　　　　　　　图 3-80　绘制其他矩形

　　（13）选择钢笔工具✍，在包装盒左侧绘制一个带曲线的图形，填充为黄色（R:239,G:169,B:63），并取消轮廓，如图 3-81 所示。

　　（14）选择绘制好的黄色曲线对象，按小键盘中的【＋】键复制对象，然后按住【Shift】键将其移动到右侧，如图 3-82 所示。

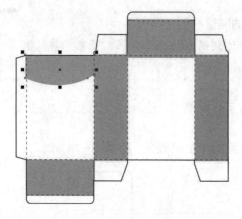

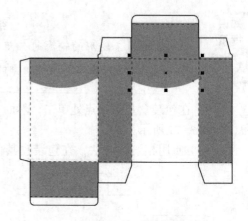

图 3-81　绘制带曲线的图形　　　　　　　　　　　图 3-82　复制对象

（二）使用形状工具绘制卡通形象

可以通过钢笔工具![钢笔]和形状工具![形状]绘制卡通形象，其具体操作如下。

（1）选择钢笔工具![钢笔]绘制卡通形象的轮廓，得到卡通形象的基本外形，如图 3-83 所示。

（2）选择形状工具![形状]，框选所有节点，单击属性栏中的"转换为曲线"按钮![按钮]，将所有直线转换为曲线；然后选择其中一条线段，将鼠标指针定位到线段中间，按住鼠标左键向外拖动鼠标，得到曲线，如图 3-84 所示。

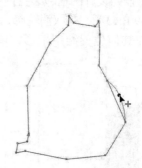

图 3-83　卡通形象的基本外形　　　　　　　图 3-84　调整曲线

（3）使用同样的方法，调整其他线段，得到曲线效果，如图 3-85 所示。

（4）将编辑好的图形填充为灰绿色（R:182,G:180,B:158），取消轮廓，如图 3-86 所示。

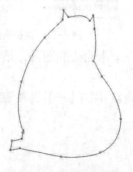

图 3-85　调整其他线段　　　　　　　　图 3-86　填充颜色

（5）选择椭圆形工具 ⬭，在卡通形象身体内绘制多个不同大小的椭圆形，填充为深红色（R:102,G:51,B:51），然后绘制 3 个黑色圆形，作为眼睛和鼻子，如图 3-87 所示。

（6）选择手绘工具 ✏，在眼睛和鼻子周围绘制几条曲线，作为小猫的胡须，如图 3-88 所示。

图 3-87　绘制多个椭圆形和圆形

图 3-88　绘制胡须

（三）使用艺术笔工具绘制对象

绘制好零食包装盒轮廓图和卡通形象后，还需要绘制一些装饰图案和文本等。下面将使用艺术笔工具 🖊 来绘制这些对象，其具体操作如下。

微课视频

使用艺术笔工具绘制对象

（1）选择所有卡通形象的元素，按【Ctrl+G】组合键组合对象，然后适当调整大小，并将其放到包装盒左侧空白处，如图 3-89 所示。

（2）选择艺术笔工具 🖊，在属性栏中单击"喷涂"按钮 🖌，选择"类别"为"笔刷笔触"，在"喷射图样"下拉列表中选择一种花朵样式，再设置"喷涂对象大小"为 100，如图 3-90 所示。

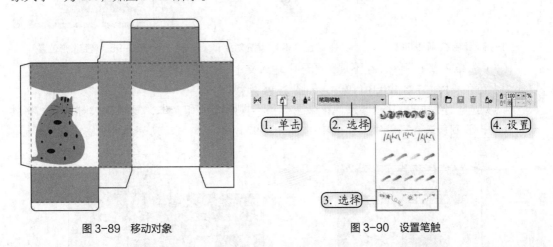

图 3-89　移动对象

图 3-90　设置笔触

多学一招　　**绘制喷涂图样技巧**

绘制多个对象组合的喷涂图样时，注意在拖动鼠标时将线形拖动得长一些，以便显示多个图样。

（3）在页面中任意位置按住鼠标左键拖动鼠标，绘制出图 3-91 所示的花朵效果。

（4）选择花朵图样，将其放到卡通形象中，适当调整大小和位置，如图 3-92 所示。

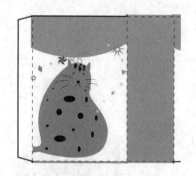

图 3-91　绘制喷涂花朵　　　　　　　　　　　图 3-92　调整花朵图样的大小和位置

（5）选择手绘工具 ，在页面空白处手动绘制一个不规则图形，如图 3-93 所示。然后在属性栏中设置"轮廓宽度"为 35mm，填充轮廓为灰色，再填充图形为浅灰色（C:0,M:0,Y:0,K:15），如图 3-94 所示。

（6）将绘制好的不规则图形放到卡通形象右上方，如图 3-95 所示。

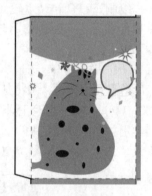

图 3-93　绘制不规则图形　　　　　　图 3-94　填充对象　　　　　　图 3-95　调整图形位置

（7）选择文本工具 ，在不规则图形中输入文本，并在属性栏中设置字体为"黑体"，填充为土黄色（R:137,G:120,B:112），如图 3-96 所示。

（8）选择绘制好的卡通形象、花朵图样、不规则图形和文本，复制一次对象后，将其向右移动，放到包装盒右侧空白页面中，如图 3-97 所示。

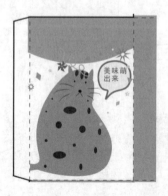

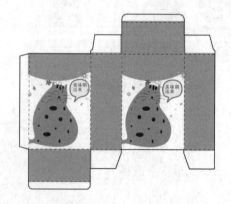

图 3-96　输入文本　　　　　　　　　　　图 3-97　复制对象

（9）下面来制作包装盒中的手写艺术字。选择艺术笔工具 🖌，在属性栏中单击"预设"按钮 🔛，然后在"预设笔触"下拉列表中选择一种笔触样式，再设置"手绘平滑"为50、"笔触宽度"为5mm，如图3-98所示。

（10）在页面空白处按住鼠标左键拖动鼠标，绘制出两条曲线，如图3-99所示。

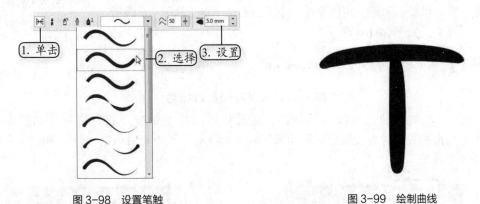

图 3-98　设置笔触　　　　　　　　　　　　　　　　图 3-99　绘制曲线

（11）继续绘制文本剩余的部分，完成效果如图3-100所示。

（12）继续使用艺术笔工具 🖌 绘制其他文本，排列成图3-101所示的样式。

图 3-100　绘制文本　　　　　　　　　　　　图 3-101　排列文本

（13）选择绘制好的文本，将其放到包装盒中，并改变颜色为淡灰黄色（R:228,G:225,B:197），如图3-102所示。然后复制文本，将复制的文本放到右侧卡通形象上方，如图3-103所示，得到包装盒的绘制效果。

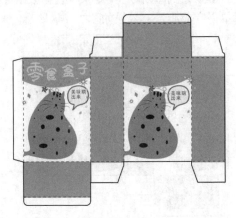

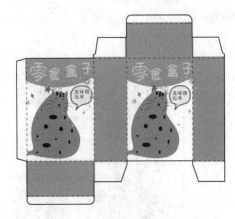

图 3-102　移动文本　　　　　　　　　　　　图 3-103　复制文本

（四）测量零食包装盒轮廓尺寸

绘制好包装盒后，可以使用度量工具测量相关尺寸，以对盒子尺寸做调整，其具体操作如下。

微课视频

测量零食包装盒轮廓尺寸

（1）在度量工具组中选择平行度量工具☑，在属性栏中依次将度量精度、度量单位、前缀、轮廓宽度、箭头设置为 0.00、mm、左内折、细线、无箭头，如图 3-104 所示。

图 3-104　设置平行度量工具属性

（2）在左侧包装盒折线顶端单击，然后按住鼠标左键向下拖动鼠标（如图 3-105 所示），到折线底部时释放鼠标，再将鼠标向左侧拖动一段距离后单击，得到测量结果（如图 3-106 所示）。

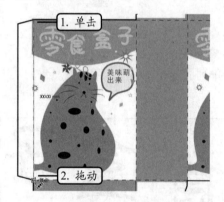

图 3-105　绘制度量直线

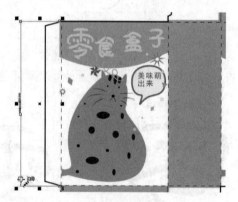

图 3-106　得到测量结果

（3）在度量线中间将显示测量结果。选择度量文本，在属性栏中设置字体为"方正准圆"、字体大小为 24px，得到较大一些的文本，如图 3-107 所示。

（4）在度量工具组选择平行度量工具☑，在属性栏中依次将度量精度、度量单位、前缀、轮廓宽度、箭头设置为 0.00、mm、长度、细线、无箭头。

（5）在需要测量的线条的起点，按住鼠标左键沿着线条拖动鼠标至结束位置释放鼠标确定测量的距离，再继续拖动鼠标，确定标注位置后单击完成测量，效果如图 3-108 所示。

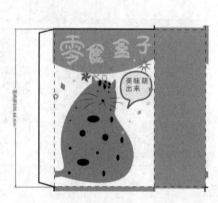

图 3-107　设置文本属性

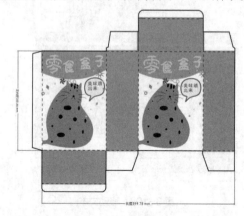

图 3-108　测量线条

（6）继续在包装盒另外两侧进行测量，得到测量结果，如图 3-109 所示。

（7）在度量工具组中选择角度量工具 ，在属性栏中依次将轮廓宽度、箭头设置为细线、无箭头，在包装盒右侧内折页转角处的相交点处按住鼠标左键，沿着角的一边拖动鼠标，至合适位置后单击，再将鼠标指针移动到角的另一边上，双击完成测量，如图 3-110 所示。

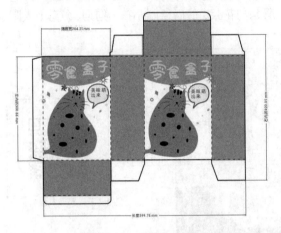

图 3-109　测量另外两侧

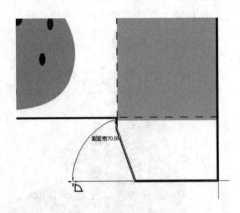

图 3-110　测量角度

多学一招

使用其他测量方法

　　本例也可以使用水平或垂直度量工具 来测量水平直线或垂直直线，其测量方法与水平线度量工具的测量方法类似。

（8）在其他内折页转角处使用角度量工具 进行测量，效果如图 3-111 所示。保存文件，完成本任务的绘制。

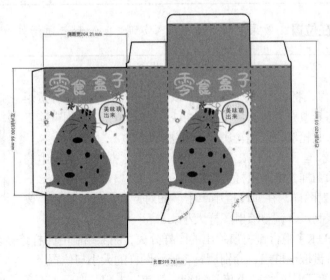

图 3-111　测量其他角度

实训一 绘制卡通场景

【实训要求】

本实训要求使用钢笔工具、贝塞尔工具、艺术笔工具绘制卡通场景，绘制时需要先勾勒天空与草地的大致轮廓，再喷涂大树、蘑菇与花朵，最后绘制小孩、狗狗、气球、太阳、白云等对象。完成效果如图 3-112 所示。

扫一扫
高清大图

图 3-112 卡通场景效果

【实训思路】

根据实训要求，绘制时先使用钢笔工具勾勒天空与草地的大致轮廓，再使用艺术笔工具喷涂大树、蘑菇与花朵，最后使用贝塞尔工具或钢笔工具绘制小孩、狗狗、气球、太阳、白云等对象。

 效果所在位置 效果文件 \ 项目三 \ 实训二 \ 绘制卡通场景 .cdr

【步骤提示】

（1）新建文件，将页面设置为横向。双击矩形工具创建背景矩形，取消轮廓，将其填充为淡蓝色（R:207,G:234,B:240）。使用钢笔工具勾勒草地的大致轮廓，取消轮廓，分别进行填充。

（2）选择艺术笔工具的喷涂样式，分别选择"植物"类别中的大树、蘑菇、花朵图样，拖动鼠标进行绘制。

微课视频
绘制卡通场景

（3）选择喷射图样，在属性栏中单击"随对象一起缩放笔触"按钮，拖动四角的控制点，调整喷射图样大小。

（4）按【Ctrl+K】组合键将喷绘出的图样分离，删除绘制的图样路径。选择喷涂图样，按【Ctrl+U】组合键取消群组，分别调整各喷涂图样的大小与位置。

（5）使用钢笔工具绘制小孩、狗狗、气球、太阳、白云等对象，使用调色板对各对象进行填充。在绘制虚线的花朵时，可在属性栏的"线条样式"下拉列表框中选择相应线条。

实训二 制作水墨书签

【实训要求】

本实训要求制作具有水墨效果的书签，其中需要绘制枯树枝、山峰等。

【实训思路】

根据实训要求，制作时可先创建符合书签的页面尺寸，然后使用钢笔工具 与艺术笔工具 进行枯树枝、山峰等的绘制。参考效果如图 3-113 所示。

扫一扫

高清大图

图 3-113 书签效果

素材所在位置 素材文件 \ 项目三 \ 实训二 \ 文本 .cdr
效果所在位置 效果文件 \ 项目三 \ 实训二 \ 水墨书签 .psd

【步骤提示】

（1）新建一个 25mm×100mm 的图形文件，双击矩形工具 绘制一个与页面大小相同的矩形，将其填充为浅灰色（R:238,G:238,B:239）。

（2）选择椭圆形工具 ，在页面顶端绘制圆形，选择钢笔工具 ，在页面底部勾勒起伏的山川图形，取消轮廓，分别填充为深灰色（R:183,G:184,B:185）和浅灰色（R:211,G:211,B:212）。

微课视频

制作水墨书签

（3）选择艺术笔工具 ，在属性栏中单击"笔刷"按钮，在"类别"中选择"飞溅"，调整笔触宽度，拖动鼠标绘制出水墨图形，并填充为灰色（R:191,G:192,B:192）。

（4）在属性栏中改变类别为"书法"，然后选择类似树枝的笔触，绘制出枯树枝图形，填充为黑色。

（5）复制素材文件中的文本，将其调整至合适位置，完成后保存文件。

常见疑难解析

问：使用选择工具和形状工具都可以选择线条，它们有什么区别吗？

答：使用选择工具 ▶ 选择线条的时候，可以看到线条上的节点，但不能选择这些节点；使用形状工具 ▶ 不仅可以选择线条，而且可以选择线条上的节点并对节点进行操作。

问：将直线转换为曲线后，除了多了两个控制柄外，怎么没什么变化？

答：这是因为没有调整控制柄使曲线产生弯曲效果。在将直线转换为曲线后，需要通过形状工具 ▶ 调整控制柄才能体现出曲线效果。

问：在使用度量工具绘制标注线时，可以更改其标注的位置吗？

答：可以。先选择绘制的标注线，然后在其属性栏中单击"文本位置"按钮 ⊟，在弹出的菜单中选择合适的选项即可。

问：为什么在使用连接器工具连接了两个图形对象后，移动其中一个图形而连线没有随之改变呢？

答：在使用连接器工具时，如果将连接线的起点和终点都置于图形对象的节点或中心处，单击连接线，那么在移动某一个图形对象时，连接线将会随之改变，否则将不会随之改变。

问：选择艺术笔工具的喷涂样式时，其属性栏的"喷涂顺序"下拉列表中有 3 个选项，它们分别是什么意思呢？

答：这是代表 3 种不同的喷涂顺序。其中"随机"选项表示喷涂对象将随机分布，"顺序"选项表示喷涂对象将会按摆放顺序以方形区域分布，"按方向"选项则表示喷涂对象将按路径进行分布。

问：在喷涂某些图样时，拆分后无法取消群组，该怎么办呢？

答：这时按【Ctrl+B】组合键再次进行拆分即可。

问：除了用肉眼观察线条为直线或曲线外，还有什么办法进行判断？

答：在使用形状工具 ▶ 选择线段中的某个节点时，如果该节点显示为空心方框，则表示当前节点所在的这一节线段为直线；如果该节点显示为实心方块，则表示当前节点所在的这一节线段为曲线。

拓展知识

由于 CorelDRAW X8 是一款基于平面设计的软件，所以在绘制图形之前，有必要了解平面构成的基本要素——点、线、面。下面对其概念分别进行介绍。

● **点**：点是一个坐标位置的概念。两条线相交处为点，线与面相交处也为点，而线段的两端也是点，如图 3-114 所示。平面中的点既有位置又有面积和形状。其面积是有空间位置的视觉单位，大小不能超过视觉单位"点"的限度，超过了就失去了点的特性。而几何概念中的点只有位置，没有面积和形状。

● **线**：线是点移动时产生的轨迹，当多个点连续排列时也会产生线的感觉。两个面相交处也是线。几何概念中的线只有长度与方向，没有宽度；平面中的线既有长度与方向，又有宽度。线分为直线和曲线，直线给人以果断和坚定的感觉，而曲线给人以柔和、优美的感觉，如图 3-115 所示。

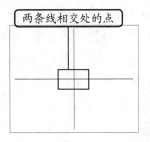 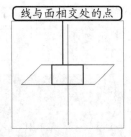 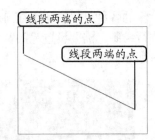

图 3-114　点的类型

● **面**：面是线移动时产生的轨迹，也可以是点或线的扩大与延续。在日常生活中具有一定面积的形状可被看成面，如桌面是矩形或圆角矩形的面、光盘是圆形的面等，如图 3-116 所示。

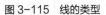

图 3-115　线的类型

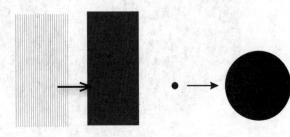

图 3-116　面的类型

课后练习

（1）制作鞋店促销卡。首先使用钢笔工具 绘制背景，取消轮廓，分别填充颜色。然后绘制装饰花纹，取消轮廓，填充相应的颜色。对于一组花纹可进行群组，以方便管理。最后添加文本，更改文本的颜色与排列方式，使其符合页面需要。完成效果如图 3-117 所示。

图 3-117　促销卡效果

 素材所在位置　素材文件\项目三\课后练习\促销卡文本.cdr
效果所在位置　效果文件\项目三\课后练习\促销卡.cdr

（2）打开"海底背景.cdr"文件，使用钢笔工具 和形状工具 绘制出鲨鱼图形，然后根据对喷涂的各种方法的认识在海底背景中添加水草和各种曲线、水泡等图形。首先使用预设样式进行绘制，需要设置笔触宽度。在绘制水草时，尽量将线条拖动得长些。完成效果如图 3-118 所示。

扫一扫

高清大图

图 3-118　海底世界效果

素材所在位置　素材文件＼项目三＼课后练习＼海底背景 .cdr
效果所在位置　效果文件＼项目三＼课后练习＼海底世界 .psd

项目四
绘制与编辑图形

情景导入

  米拉想要绘制一个五角星，但是他感觉使用线条工具绘制的五角星形状中几个角的角度都不一样。老洪告诉他，线条工具常用于绘制一些不规则图形，如卡通人物、花纹、风景等，若要绘制一些规则图形可使用图形工具，如椭圆形工具、矩形工具，以及多边形工具、星形工具等，合理地使用这些图形工具可以提高图形绘制速度。

学习目标

- 掌握开业吊旗的制作方法
  如使用图形工具绘制椭圆形、矩形、箭头等。

- 掌握风景日历的制作方法
  如绘制网格图形和螺纹图形、取消组合图形、拆分图形等。

素质目标

  提升手绘图形的表现能力和图形创造力，培养观察分析、动手能力和创新能力。

案例展示

▲制作开业吊旗

▲制作风景日历

任务一　制作开业吊旗

开业吊旗广泛用于开业宣传、开业活动、开业庆典等场合 。在 CorelDRAW 中制作开业吊旗比较简单，不过需要注意各图形和颜色的搭配。

一、任务目标

本任务将使用矩形工具□、椭圆形工具○、星形工具☆、箭头形状工具➔来制作开业吊旗。通过本任务的学习，读者可掌握矩形工具□、椭圆形工具○、星形工具☆、箭头形状工具➔的基本使用方法。本任务制作完成后的效果如图 4-1 所示。

图 4-1　开业吊旗效果

素材所在位置　素材文件 \ 项目四 \ 任务一 \ 开业吊旗文本 .cdr、鞋子 1.png ～鞋子 3.png

效果所在位置　效果文件 \ 项目四 \ 任务一 \ 开业吊旗 .cdr

二、相关知识

本任务中的吊旗主要是通过矩形工具□、椭圆形工具○、星形工具☆和箭头形状工具➔绘制得到的。下面先对这些工具的使用方法进行简单介绍。

（一）矩形工具组

矩形工具组主要包括矩形工具□和 3 点矩形工具▱。选择矩形工具□（或按【F6】键），可在绘图区中绘制出矩形。在矩形工具□上按住鼠标左键，可以在打开的列表中选择 3 点矩形工具▱，利用 3 点矩形工具▱可以直接绘制出倾斜的矩形、正方形和圆角矩形。绘制矩形前或选择绘制的矩形后，可在其属性栏中设置矩形的角类型、转角半径、同时编辑所有角、相对角缩放等内容，如图 4-2 所示。

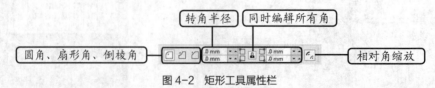

图 4-2　矩形工具属性栏

下面对矩形工具属性栏中主要参数进行介绍。

- **"圆角"按钮**☐、**"扇形角"按钮**☐、**"倒棱角"按钮**☐：
设置"转角半径"数值后分别单击对应按钮可将绘制矩形的角转换为圆角、扇形角、倒棱角，效果如图4-3所示。

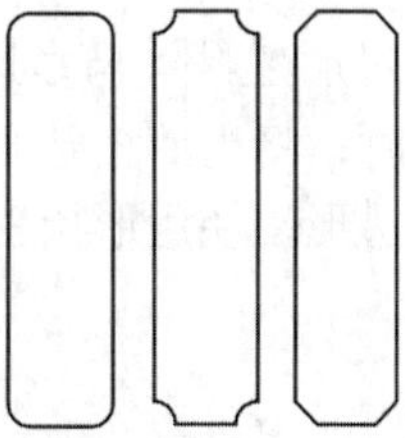

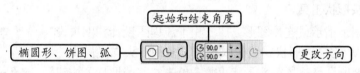

图4-3　圆角、扇形角、倒棱角

- **"转角半径"文本框**：用于设置矩形4个角的边角圆滑度，值为0时为直角。
- **"同时编辑所有角"按钮**🔒：单击该按钮，当按钮呈选中状态时，可在任意文本框中输入数值，同时调整4个角的边角圆滑度；当按钮呈未选中状态时，可分别设置4个角的边角圆滑度。
- **"相对角缩放"按钮**：单击该按钮，当按钮呈选中状态时，缩放矩形时可同时按比例缩放边角圆滑度。

（二）椭圆形工具组

椭圆形工具组主要包括椭圆形工具☐和3点椭圆形工具🖉。选择椭圆形工具☐（或按【F7】键），可以在绘图区中绘制出椭圆形。利用3点椭圆形工具🖉可以直接绘制出倾斜的椭圆形。绘制椭圆形后还可通过属性栏设置椭圆形、饼图、弧、起始和结束角度、更改方向等内容，如图4-4所示。

图4-4　椭圆形工具属性栏

下面对椭圆形工具属性栏中主要参数进行介绍。

- **"椭圆形"按钮**☐、**"饼图"按钮**☐、**"弧"按钮**☐：分别单击对应按钮可在椭圆形、饼图、弧之间进行转换，效果如图4-5所示。
- **"起始角度"与"结束角度"文本框**：用于设置饼图和弧的起始角度与结束角度。

图4-5　椭圆形、饼图、弧

- **"更改方向"按钮**⟳：单击该按钮，可沿顺时针或逆时针方向更改饼图与弧的方向。

（三）星形工具

绘制星形的工具主要有星形工具☆和复杂星形工具⚙。选择相应的工具后，在属性栏中设置星形的角数，然后在绘图区中按住鼠标左键拖动鼠标即可绘制出星形。星形工具属性栏中主要参数如下。

- **"点数或边数"文本框** ☆ 5：用于设置星形的角数。
- **"锐度"文本框** ▲ 53：用于设置角的锐度。值越大，角越大。

多学一招

绘制星形注意事项

在绘制星形时，需要注意的是，利用星形工具☆和复杂星形工具⚙绘制的星形在填充时是不一样的，如图4-6所示。为复杂星形填充颜色后，相交区域不能被填充。

图4-6　不同的效果

（四）多边形工具

星形工具 ☆ 与多边形工具 ○ 的各个边、角是相互关联的。当星形工具 ☆ 的角锐度设置为 1 时，将得到多边形。选择多边形工具 ○，在属性栏中设置边数后，拖动鼠标即可绘制出多边形。使用形状工具 ⬧ 拖动多边形节点可将其转换为星形或旋转角度的星形，如图 4-7 所示。

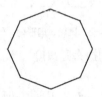

图 4-7　多边形转换为星形

多学一招　**多边形属性不变**

　　通过拖动多边形的节点将其转换为星形后，其属性仍然为多边形的属性，而非星形的属性。

（五）箭头形状工具

箭头形状用于指示或连接图形，广泛用于流程图设计和网页设计。CorelDRAW 的箭头形状属性栏中提供了多种箭头样式供用户选择，如图 4-8 所示。选择箭头形状工具，单击"完美形状"按钮 ○ 后，在其下拉列表中可选择箭头样式，拖动鼠标即可绘制出箭头形状。

图 4-8　箭头样式

（六）转曲图形

使用形状工具 ⬧ 修改绘制好的矩形、圆形、多边形，都是对这些图形按特定的方式进行修改，如将矩形修改为圆角矩形，将椭圆形修改为弧等。

按【Ctrl+Q】组合键，或在快捷菜单中选择"转换为曲线"命令将这些图形转曲后，再使用形状工具 ⬧ 就可以任意修改其外形。当需绘制的图形与基本图形的外形相差不大时，可以在基本图形的基础上进行少许修改来得到想要的图形。将图形对象转曲后，其特殊的属性将丢失，如转曲后的矩形不能再执行圆角化操作。

三、任务实施

（一）制作背景

下面将绘制矩形，并为其填充颜色，制作从中心辐射的背景，其具体操作如下。

扫一扫

制作背景

（1）新建 A4 大小的横向文件，将其保存为"开业吊旗 .cdr"。

（2）双击矩形工具 □，绘制与页面大小相同的矩形。选择交互式填充工具 ◈，在属性栏中设置填充方式为"椭圆形渐变透明度"，从中心到四边拖动鼠标创建渐变填充。在属性栏中分别将起点与终点颜色填充为"C:0,M:100,Y:0,K:0""C:0,M:40,Y:20,K:0"，效果如图 4-9 所示。锁定该矩形。

（3）取消矩形轮廓，使用钢笔工具 ✎ 绘制图 4-10 所示的图形，取消轮廓，填充为白色。

图 4-9　创建渐变填充

图 4-10　绘制图形

（4）选择绘制好的白色图形，将旋转基点移至矩形中心位置，按【Alt+F8】组合键打开"变换"泊坞窗，设置旋转角度为 15.0，"副本"为 50，单击 应用 按钮，如图 4-11 所示。

（5）框选白色图形，在属性栏中单击"合并"按钮 ◫。选择透明度工具 ▨，在属性栏中设置透明方式为"渐变透明度"，从中心向边缘拖动鼠标创建渐变透明。单击边缘的节点，在属性栏中将透明度设置为 75。效果如图 4-12 所示。

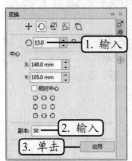

图 4-11　设置旋转角度与副本及设置效果

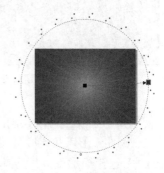

图 4-12　创建渐变透明

（二）使用星形工具与椭圆形工具

星形工具 ☆ 用于绘制不同角度的星形，椭圆形工具 ○ 用于绘制圆形、椭圆形。在开业吊旗中可以使用星形与椭圆形来渲染气氛。具体操作如下。

（1）选择星形工具 ☆，然后按住【Ctrl】键绘制正五角星，取消轮廓，填充为白色。

（2）使用钢笔工具 ✎ 绘制星形拖出的尾巴图形，取消轮廓，填充为玫红色（R:228,G:0,B:130），按【Ctrl+PageDown】组合键将该图形放于星形下方，效果如图 4-13 所示。

（3）使用相同的方法绘制其他星形组合图形，填充不同的颜色并调整星形大小，效果如图 4-14 所示。

微课视频

使用星形工具与
椭圆形工具

图 4-13　绘制星形尾巴图形

图 4-14　绘制其他星形组合图形

> **多学一招**
>
> **配合快捷键绘制图形**
>
> 　　在绘制图形时，按住【Ctrl】键可绘制圆形、正方形、星形、箭头形状等图形，按住【Ctrl+Shift】组合键可从拖动的起点处绘制图形。

　　（4）选择椭圆形工具○，然后按住【Ctrl】键绘制圆形，取消轮廓，填充为黄色（R:255,G:240,B:0），再复制并缩放圆形，填充为不同的颜色。

　　（5）选择手绘工具，从圆形边缘向页面中心绘制曲线，然后选择颜色滴管工具，单击吸取圆形的颜色，再单击圆形上连接的曲线，设置线条颜色为圆形的颜色，效果如图 4-15 所示。

　　（6）导入鞋子素材图形，调整大小与位置，效果如图 4-16 所示。

图 4-15　绘制线条与圆形并设置颜色

图 4-16　导入鞋子素材图形

（三）使用矩形工具

　　使用矩形工具□可以绘制圆角矩形、直角矩形与倒棱角矩形。下面将绘制圆角矩形以及圆形来装饰吊旗，其具体操作如下。

微课视频

使用矩形工具

　　（1）选择矩形工具□，拖动鼠标绘制默认的直角矩形，在属性栏中将"转角半径"设置为 8，填充为白色，将"轮廓宽度"设置为 2mm，轮廓颜色为粉红色（R:249,G:212,B:211），效果如图 4-17 所示。

　　（2）选择椭圆形工具○，按住【Ctrl】键绘制圆形，复制并缩放多个圆形，将圆形填充为图 4-18 所示的效果。使用钢笔工具绘制圆形下方的图形，取消轮廓，填充为黑色。

图 4-17　绘制圆角矩形

图 4-18　绘制与复制圆形

　　（3）使用相同的方法继续在页面右下角绘制圆角矩形，取消轮廓，填充为粉红色（R:249,G:212,B:211），效果如图 4-19 所示。

　　（4）复制素材中的文本到页面合适位置，效果如图 4-20 所示。

图 4-19　绘制其他圆角矩形

图 4-20　复制文本

（四）使用箭头形状工具

箭头形状具有指示作用。下面将使用箭头形状工具🔲绘制箭头图形并对箭头图形进行编辑，使其满足开业吊旗的需求。其具体操作如下。

（1）在基本形状工具组中选择箭头形状工具🔲，拖动鼠标绘制箭头图形，如图 4-21 所示。

（2）选择形状工具🔲，使用鼠标向右拖动箭头图形上的红色控制点，调整箭头图形位置，如图 4-22 所示。

微课视频

使用箭头形状工具

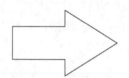
图 4-21　绘制箭头图形

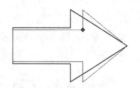
图 4-22　调整箭头图形位置

（3）选择箭头图形，按【Ctrl+Q】组合键转曲。选择形状工具🔲，将左端的直角节点转换为曲线，并进行编辑，如图 4-23 所示。

（4）旋转箭头图形，选择交互式填充工具🔲，从左下角向右上方拖动鼠标创建渐变填充橘黄色（R:241,G:159,B:27）到黄色（R:250,G:230,B:7），取消轮廓，效果如图 4-24 所示。

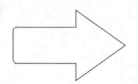
图 4-23　将直角节点转换为曲线

图 4-24　创建渐变填充

（5）将箭头图形移动到"全场"文本左侧，调整至合适大小。

（6）选择星形工具🔲，然后按住【Ctrl】键绘制正五角星作为标签，取消轮廓，填充为红色（R:224,G:7,B:0）。在属性栏中将"点数或边数"设置为 20，将"锐度"设置为 20，按【Enter】键更改效果。效果如图 4-25 所示。

（7）将标签移至页面右下角圆角矩形上方，调整大小，复制素材中的"买一送一"文本到页面合适位置，如图 4-26 所示。完成本任务的制作，保存文件。

图 4-25　绘制星形

图 4-26　复制文本

任务二　制作风景日历

日历包括桌面日历和电子日历，主要品种有商务日历、纸架日历、水晶日历、记事日历和礼品日历等。在 CorelDRAW 中制作日历较简单，先绘制出日历的结构，然后输入日历文本即可。

一、任务目标

本任务将制作风景日历，在制作时可以先新建文档，然后使用绘图工具绘制出日历的大致结构，再根据需要输入日历文本。通过本任务的学习，读者可以掌握图纸工具🖾的应用、对象的组合和拆分操作等，同时对编辑图形对象的工具能有一定的了解。本任务制作完成后的最终效果如图 4-27 所示。

扫一扫

高清大图

图 4-27　风景日历设计效果

 素材所在位置　素材文件＼项目四＼任务二＼日历 .png、风景 .png
效果所在位置　效果文件＼项目四＼任务二＼风景日历 .cdr

二、相关知识

本任务涉及基本形状工具组、螺纹工具◎、图纸工具🖾等的应用。下面将对相关的工具进行详细讲解。

（一）基本形状工具组

基本形状工具组包括基本形状工具🖾、箭头形状工具🖾、流程图形状工具🖾、标题形状工具，标注形状工具，其使用方法与前文讲解的箭头形状工具的使用方法类似。选择基本形状工具组中的工具后，单击属性栏中的"完美形状"按钮，在打开的列表中选择需要的形状，即可在绘图区中绘制出相关图形。不同的工具打开的列表也不同，如图 4-28 所示。

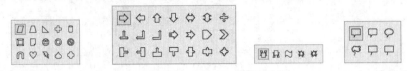

图 4-28 不同的列表

（二）图纸工具

在多边形工具组中选择图纸工具（或按【D】键），在属性栏中设置行数和列数，可绘制出不同行数与列数的网格图形。图纸就是由一系列行和列排列的矩形组成的网格，它是一个群组对象。按【Ctrl+U】组合键取消群组后可单独对其中的网格进行处理，也可以群组在一起整体处理。

（三）表格工具

表格工具与图纸工具的作用相似，皆可用于绘制网格的效果。使用表格工具绘制出的网格称为表格，其中的小矩形块称为单元格。在 CorelDRAW 中，除了可绘制表格，还可操作单元格、美化表格等。

1. 绘制表格

选择表格工具后在属性栏中设置行数和列数，拖动鼠标即可绘制表格。或选择【表格】/【创建新表格】菜单命令，在打开的对话框中设置行数、栏数、高度、宽度，单击 确定 按钮即可绘制表格，如图 4-29 所示。

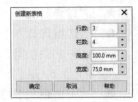

图 4-29 创建新表格

2. 操作单元格

默认绘制的表格可能不能满足用户的需求，这时可通过合并、删除等操作更改表格的结构，分别介绍如下。

● **选择单元格**：在【表格】/【选择】菜单命令的子菜单中进行选择，或将鼠标指针移至表格左上角、行左侧、列上方，当出现箭头图标时单击即可选择表格、对应行或列。直接在表格工具下拖动需要选择的单元格或单元格区域，按【Ctrl】键可在选择单元格或单元格区域后，单击其他单元格或拖动选择其他单元格区域，以选择不连续的单元格。

● **调整单元格大小**：选择行或列后，在属性栏的"高度"和"宽度"文本框中可设置该行单元格或该列单元格的行高或列宽。直接拖动行或列的分割线可手动调整行高或列宽。

● **移动行或列**：选择行或列后，将鼠标指针移至行或列区域上按住鼠标左键拖动至需要的位置即可移动行或列。

● **插入行或列**：选择插入行或列的位置，选择【表格】/【插入】菜单命令，在打开的子菜单中选择插入的位置即可插入行或列。

● **合并与拆分单元格**：选择水平或垂直方向的连续多个单元格，选择【表格】/【合并单元格】菜单命令或按【Ctrl+M】组合键可将其合并为一个单元格，如图 4-30 所示。选择合并后的单元格，选择【表格】/【拆分单元格】菜单命令可将其还原为单个单元格。选择单元格，选择【表格】/【拆分为行】菜单命令，可在打开的对话框中将单元格拆分为多行或多列，如图 4-31 所示。

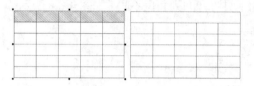
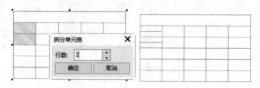

图 4-30　合并单元格　　　　　　　　　　　　图 4-31　拆分单元格

- **删除单元格**：选择单元格后，按【Delete】键，或在【表格】/【选择】菜单命令的子菜单中选择相应选项即可删除单元格。

3. 美化表格

绘制好表格后，选择绘制的表格，在其属性栏中可设置表格的属性，如设置表格的背景和边框，从而美化表格。表格工具属性栏如图 4-32 所示。

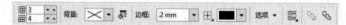

图 4-32　表格工具属性栏

美化表格相关选项如下。

- **"背景"面板**：可选择相应的颜色填充选择的单元格。
- **"边框选择"下拉列表**：可选择添加边框线的位置，如在外部添加、在内部添加、在左侧添加等，默认为全部添加。按【F12】键，在打开的对话框中可设置边框线的粗细、颜色、虚线等参数。
- **"页边距"下拉列表**：该选项只有在输入文本后才能在属性栏中显示，在其中可以指定文本与表格上、下、左、右边框的距离。

多学一招　　　　　　　　　　　　　　　　**设置表格**

　　选择表格后切换到选择工具 ▶，在其属性栏的"选项"下拉列表中可设置自动调整单元格大小或单独的单元格边框。在单元格中单击定位文本插入点或切换到文本工具 ❖，可在属性栏中设置表格文本的格式或表格文本的对齐方式。

（四）螺纹工具

选择螺纹工具 ◎（或按【A】键），在属性栏的"螺纹回圈"和"螺纹扩展参数"文本框中输入圈数和扩展值，拖动鼠标可以创建出对称式和对数式两种螺纹。

- **对称式螺纹**：在属性栏中单击"对称式螺纹"按钮 ◎ 后，绘制的螺纹回圈的间距是不变的，如图 4-33 所示。
- **对数式螺纹**：在属性栏中单击"对数式螺纹"按钮 ◎ 后，绘制的螺纹回圈的间距是递增的，如图 4-34 所示。

图 4-33　对称式螺纹　　　图 4-34　对数式螺纹

三、任务实施

（一）制作日历基本外形

启动 CorelDRAW X8 并新建一个图形文件，导入素材图像，绘制装饰图形，再输入文本。

其具体操作如下。

（1）新建图形文件，设置页面方向为横向，并将其保存为"风景日历 .cdr"。

（2）导入"日历 .jpg"和"风景 .jpg"图像，如图 4-35 所示。

微课视频

制作日历基本外形

图 4-35　导入图像

（3）将风景图像适当缩小，放到日历图像中，如图 4-36 所示。

（4）选择文本工具，在风景图像中输入文本"10 月"，在属性栏中设置字体为"方正黑体"，填充为黑色，如图 4-37 所示。

图 4-36　调整风景图像位置　　　　　　　图 4-37　输入文本

（二）绘制螺纹图形

绘制好日历的基本外形后，下面绘制螺纹装饰图案来装饰日历的边缘，其具体操作如下。

微课视频

绘制螺纹图形

（1）选择贝塞尔工具，在风景图像左下方单击，然后在图像右侧节点处单击，绘制直线；在圆弧形中间单击并按住鼠标左键拖动鼠标，绘制曲线，如图 4-38 所示。

（2）回到起点处，得到一个闭合的曲线图形，如图 4-39 所示。

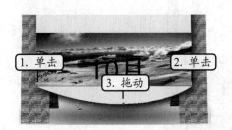

图 4-38　绘制直线和曲线　　　　　　　图 4-39　闭合的曲线图形

（3）为了便于编辑，我们将绘制好的曲线图形移动到附近的空白页面中。

（4）选择工具箱中的螺纹工具，将鼠标指针移动到页面中，此时鼠标指针将变成 形状。在属性栏中单击"对称式螺纹"按钮，在"螺纹回圈"文本框中设置螺纹的圈数为 4，如图 4-40 所示。

图 4-40 设置螺纹属性

（5）在绘图区中按住【Ctrl】键和鼠标左键移动鼠标指针到合适位置后释放鼠标，完成螺纹图形的绘制，如图 4-41 所示。

（6）适当缩小螺纹图形，然后多次复制对象，将复制的对象分别放到曲线图形中，如图 4-42 所示。

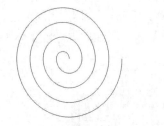

图 4-41 绘制螺纹图形　　　　　　　　　　图 4-42 缩小并复制对象

（7）选择所有螺纹图形的元素，按【Ctrl+G】组合键组合对象，选择【对象】/【PowerClip】/【置于图文框内部】菜单命令，然后单击曲线图形内部（如图 4-43 所示），将所有螺纹图形放到曲线图形中（如图 4-44 所示）。

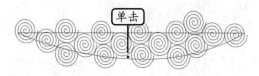

图 4-43 置于曲线图形中　　　　　　　　　　图 4-44 放置螺纹图形

（8）将曲线图形放到日历图像中，并取消轮廓，如图 4-45 所示。

图 4-45 调整曲线图形位置

（三）使用图纸工具绘制网格

微课视频

使用图纸工具
绘制网格

下面将通过图纸工具▣和文本工具字制作日历中 10 月的日历页，其具体操作如下。

（1）在多边形工具组中选择图纸工具▣，在属性栏中设置列数和行数为 7、6，绘制出图 4-46 所示的网格。

（2）选择文本工具字，分别输入月份文本，在属性栏中设置文本字体为"方正兰亭中黑"，分别填充为黑色和红色（R:206,G:0,B:0），如图 4-47 所示。

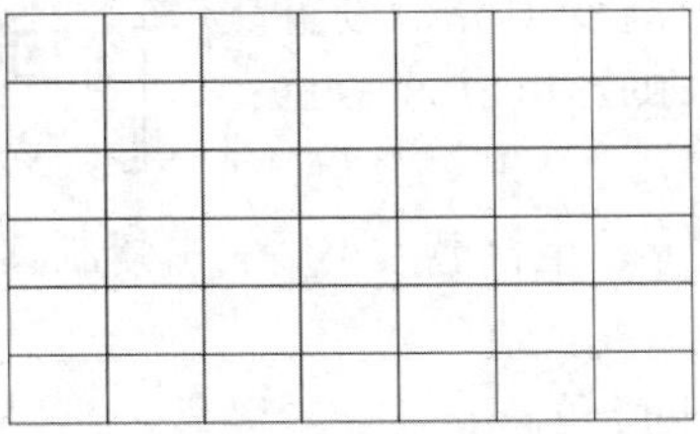

图 4-46 绘制网格

图 4-47 输入文本

（3）选择网格，按【Ctrl+U】组合键取消组合，将网格拆分为单独的矩形。选择第一排的矩形，在属性栏中单击"合并"按钮⬚进行合并，如图 4-48 所示。

（4）使用相同的方法合并其他列的矩形，然后将制作好的日历页放到日历背景中，并在上方输入文本"2020"，效果如图 4-49 所示。完成本任务的制作，保存文件。

图 4-48 合并矩形

图 4-49 完成效果

实训一　绘制蓝牙音箱

【实训要求】

本实训要求绘制蓝牙音箱，绘制过程中将使用椭圆形工具○与交互式填充工具◈。

【实训思路】

根据实训要求，使用椭圆形工具○绘制蓝牙音箱的基本外形，再使用交互式填充工具◈为其应用渐变颜色填充，最后添加文本。本实训的参考效果如图 4-50 所示。

扫一扫

高清大图

图 4-50 蓝牙音箱效果

素材所在位置 素材文件 \ 项目四 \ 实训一 \ 图标 .cdr、文本 .cdr
效果所在位置 效果文件 \ 项目四 \ 实训一 \ 蓝牙音箱 .cdr

【步骤提示】

（1）新建空白图形文件，选择矩形工具□绘制一个矩形，取消轮廓，填充为灰蓝色（R:119,G:137,B:164）。

（2）选择椭圆形工具○，按住【Ctrl】键拖动鼠标，绘制一个圆形。

（3）选择交互式填充工具◊，为圆形应用渐变填充，设置颜色为不同深浅的粉红色（R:243,G:187,B:199；R:234,G:158,B:159；R:247,G:210,B:218）。

微课视频

绘制蓝牙音响

（4）按住【Shift】键拖动圆形的四角缩小圆形，至合适大小后右击复制圆形，改变复制的圆形的颜色为黑色到灰色的渐变填充。

（5）使用相同的方法复制圆形，并填充相应的颜色。

（6）选择贝塞尔工具✐绘制出蓝牙音响的外形，为其应用渐变填充，颜色为灰紫色（R:151,G:102,B:113）。

（7）导入"图标"图形，再复制素材文件中的文本，调整至合适位置，完成后保存文件。

实训二 制作超市 POP 广告

【实训要求】

本实训要求利用 CorelDRAW 的钢笔工具✐、椭圆形工具○、矩形工具□、星形工具☆、螺纹工具◎，以及图片导入、文本输入、填充图形功能制作超市 POP 广告。要求突出活动主题，具有视觉冲击力。通过练习，读者可掌握相关图形工具的使用方法。本实训的参考效果如图 4-51 所示。

扫一扫

高清大图

图 4-51 超市 POP 广告效果

【实训思路】

根据实训要求，先新建图形文件，并填充相应颜色；然后导入素材图片，使用钢笔工具✐、椭圆形工具○、矩形工具□、星形工具☆、螺纹工具◎绘制需要的图形；最后输入相关文本，完成操作。

素材所在位置 素材文件 \ 项目四 \ 实训二 \ 饮料 .png
效果所在位置 效果文件 \ 项目四 \ 实训二 \ 超市 POP 广告 .cdr

【步骤提示】

（1）新建文件，将页面设置为横向，双击矩形工具□创建背景矩形，取消轮廓。选择交互式填充工具◇，从左向右拖动鼠标，创建浅蓝色（R:207,G:235,B:250）到白色的渐变填充。

（2）使用钢笔工具✎绘制沙地和云朵，取消轮廓，填充为浅蓝色（R:202,G:233,B:250）和浅黄色（R:250,G:207,B:145）。

（3）导入"饮料.png"图片，调整大小与位置。

（4）分别选择椭圆形工具○、矩形工具□、星形工具☆、螺纹工具◎绘制需要的图形，取消轮廓，填充为相应的颜色。

（5）使用形状工具⬚编辑绘制的点数为20的星形，复制星形，错位放置并填充为橙色（R:246,G:174,B:69）。

（6）输入相关文本，在属性栏中设置文本的字体为"方正剪纸简体"，调整大小和颜色并放到合适位置，旋转文本后保存文件，完成本实训的制作。

常见疑难解析

问：为什么按住【Ctrl】键后，使用矩形工具或椭圆形工具绘制不出正方形或圆形呢？

答：在绘制正方形或圆形的时候，一定要注意绘制完后先释放鼠标，然后再释放【Ctrl】键，否则绘制出来的仍然是矩形或椭圆形。

问：在绘制螺纹后，为什么在属性栏中设置"螺纹回圈"和"线条样式"等参数对所选择的螺纹图形不起作用呢？

答：绘制螺纹与绘制网格一样，都需要绘制前在属性栏中设置好相关参数。如果在绘制好后再修改其参数，对所绘制好的图形将不起任何作用。

问：为什么在绘制一个形状图形后，不能使用形状工具对其进行调整？

答：形状图形与几何图形一样，只有转换为曲线后才能使用形状工具⬚对其进行任意调整。

问：如果只想设置矩形的一个角为圆角，该怎么操作呢？

答：可在选择矩形后，单击属性栏中的🔒按钮，然后在文本框中设置转角半径；也可使用形状工具⬚单击选中矩形的某一个角，然后拖动鼠标进行设置。

拓展知识

在使用形状工具⬚绘制图形时默认将绘制圆形、直角矩形、五角星等图形，用户可以通过"选项"对话框设置默认绘制的图形，以及默认绘制图形的参数。其方法为：选择【工具】/【选项】菜单命令，打开"选项"对话框，在左侧选择【工作区】/【工具箱】，在展开的子列表中选择需要设置的工具，如选择"矩形工具"选项后，在右侧可设置默认绘制的矩形的属性，如图4-52所示。设置完成后单击

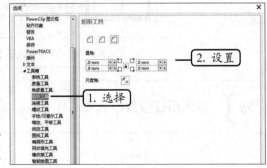

图4-52 设置默认绘制的矩形的属性

确定 按钮即可。

课后练习

（1）下面将通过矩形工具□、多边形工具○和椭圆形工具○制作积分卡。完成后的效果如图 4-53 所示。

图 4-53　积分卡效果

素材所在位置　素材文件\项目四\课后练习\积分卡文本 .cdr、咖啡标志 .cdr、咖啡 .psd

效果所在位置　效果文件\项目四\课后练习\积分卡 .cdr

（2）绘制户型图。首先在页面中添加辅助线，绘制矩形并为其设置填充颜色或填充图样，再使用贝塞尔工具✐绘制沙发和茶几图形，对其进行填充。完成后的效果如图 4-54 所示。

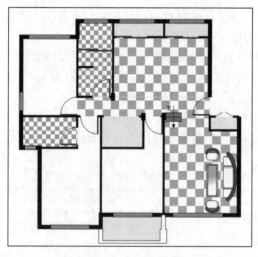

图 4-54　户型图效果

效果所在位置　效果文件\项目四\课后练习\户型图 .cdr

项目五
编辑图形轮廓与颜色

情景导入

有一天，米拉问老洪："在 CorelDRAW 中，可不可以为图形设置更加丰富的轮廓和填充颜色呢？"老洪想了想，说："可以呀，这可多了，填充方式就有好几种，如标准填充、渐变填充、纹理填充、图案填充、PostScript 填充，以及轮廓设置，而且效果还很漂亮。"米拉十分兴奋，说："那我要赶快开始学习。"

学习目标

- 掌握潮流运动鞋横幅的制作方法
  如轮廓的颜色填充、线条粗细编辑、轮廓样式和轮廓颜色的编辑等。
- 掌握化妆品包装的制作方法
  如使用编辑填充工具、使用交互
- 式填充工具、创建与更改颜色样式、使用智能填充工具等。
- 掌握高跟鞋海报的制作方法
  如网状填充工具的使用、创建详细网络、属性滴管工具的使用。

素质目标

发挥想象力，激发学生的审美思维，提高美学素养。

案例展示

▲设计化妆品包装

▲设计高跟鞋海报

任务一 设计潮流运动鞋横幅

横幅在网络媒体中较为常见，其一般刊登于页面最醒目的位置，利用文本、图片或动态效果把推广的信息传递给网站的访问者，同时利用推广链接引导访问者到相关网页，达到推广网站、产品或服务的目的。制作横幅时要求颜色对比鲜明，能够快速吸引访问者。下面将具体介绍制作潮流运动鞋横幅的方法。

一、任务目标

本任务将通过绘制背景和鞋子图形，并设置图形轮廓的颜色、粗细、线条样式来设计潮流运动鞋横幅。本任务制作完成后的效果如图 5-1 所示。

图 5-1　潮流运动鞋横幅效果

素材所在位置	素材文件 \ 项目五 \ 任务一 \ 运动鞋花纹 .cdr
效果所在位置	效果文件 \ 项目五 \ 任务一 \ 潮流运动鞋横幅 .cdr

二、相关知识

轮廓是指图形对象的边缘和路径，通过设置轮廓的颜色、粗细、角、端头，可以得到不同效果的图形。下面将详细讲解如何设置轮廓。

（一）轮廓颜色、粗细的常规编辑

在绘制图形或线条过程中，通过属性栏中的"轮廓宽度""线条样式""起始箭头""终止箭头"下拉列表可快速设置轮廓的粗细、线条的样式与线端的箭头。通过调色板可快速设置轮廓的颜色，其方法有以下两种。

- **右击**：选择图形，在调色板中所需的色块上右击可为其设置轮廓的颜色。右击区按钮可取消轮廓。
- **拖动色块到图形轮廓上**：选择图形，将鼠标指针移到调色板中所需的色块上，按住鼠标左键并拖动鼠标指针到图形的轮廓上，当鼠标指针变成▶□形状时，松开鼠标即可为其设置轮廓的颜色。如果鼠标指针变成▶■形状，则表示该颜色将设置为图形的填充色。

多学 一招	**轮廓填充颜色的注意事项**
	轮廓只能进行单色填充，若要进行渐变或图案等填充，需要按【Ctrl+Shift+Q】组合键，或选择【排列】/【将轮廓转换为对象】菜单命令，将轮廓转换为对象。

（二）设置轮廓样式、角、端头

设置轮廓样式、角、端头主要通过"轮廓笔"对话框和"对象属性"泊坞窗来进行，不仅可以设置轮廓粗细、颜色，还可对轮廓的宽度、样式、线条端头等参数进行设置。相关设置方法分别介绍如下。

● **使用"轮廓笔"对话框设置：** 选择图形对象，单击工具箱中的轮廓工具 🖊，或按【F12】键，打开图 5-2 所示的"轮廓笔"对话框，在其中即可进行相应设置。

● **使用"对象属性"泊坞窗设置：** 右击需要设置轮廓的对象，在弹出的快捷菜单中选择"对象属性"命令，或选择【窗口】/【泊坞窗】/【对象属性】菜单命令，打开"对象属性"泊坞窗，如图 5-3 所示。单击"轮廓"按钮 🖊，在其中可进行常规设置，单击中间的 ▼ 按钮，在展开的参数面板中可进行轮廓的高级设置，其轮廓参数与"轮廓笔"对话框中的参数一致。

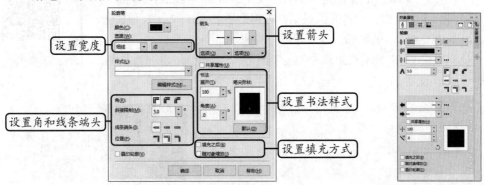

图 5-2　"轮廓笔"对话框　　　　图 5-3　"对象属性"泊坞窗

（三）设置轮廓颜色

使用"选择颜色"对话框和"颜色泊坞窗"泊坞窗可为轮廓设置调色板外的颜色，其方法分别介绍如下。

● **使用"选择颜色"对话框设置轮廓颜色：** 使用"选择颜色"对话框可以非常方便地设置轮廓颜色。只需在选择图形对象后，单击工具箱中的轮廓工具 🖊，在打开的面板中选择"轮廓色"选项（或按【Shift+F12】组合键），打开图 5-4 所示的"选择颜色"对话框，在对话框中的调色板下拉列表框中可选择合适的色彩模式，然后在"组件"栏中可输入颜色的精确数值。

● **使用"颜色泊坞窗"泊坞窗设置轮廓颜色：** 选择【窗口】/【泊坞窗】/【彩色】菜单命令，打开"颜色泊坞窗"泊坞窗，通过拖动滑块或直接在其右侧文本框中输入数值设置好颜色，单击泊坞窗下方的 轮廓(O) 按钮，即可为选择的图形设置轮廓颜色，如图 5-5 所示。

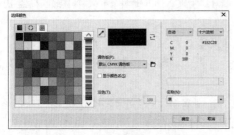

图 5-4　"选择颜色"对话框

图 5-5　"颜色泊坞窗"泊坞窗

多学
一招

设置轮廓颜色小技巧

用户可按照习惯使用调色板为轮廓调制需要的颜色，其方法为：为对象设置轮廓颜色后，按住【Ctrl】键，右击其他颜色色块或将其他颜色色块拖动至轮廓上，即可使用该颜色调和原颜色。

三、任务实施

（一）背景制作

下面将使用钢笔工具、艺术笔工具和文本工具对运动鞋的背景进行制作，其具体操作如下。

微课视频

背景制作

（1）新建空白文档，使用矩形工具绘制 200mm×95mm 的矩形，按【Shift+F11】组合键，在打开的对话框中将矩形 C、M、Y、K 值设置为 0、11、100、0，取消轮廓，效果如图 5-6 所示。

（2）使用钢笔工具在矩形左侧绘制图形，取消轮廓，填充为黑色，效果如图 5-7 所示。

图 5-6　绘制矩形

图 5-7　绘制图形

（3）选择艺术笔工具，在属性栏中单击"笔刷"按钮，在"笔刷笔触"下拉列表中选择图 5-8 所示的喷涂图样。

（4）在属性栏中设置笔刷宽度为 10mm，拖动鼠标在黑色与黄色边缘绘制图形，修饰边缘，效果如图 5-9 所示。

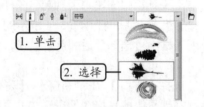

图 5-8　选择喷涂样式及其笔触

图 5-9　修饰边缘

（5）选择文本工具，在矩形中输入"潮流运动鞋"，在属性栏中将字体设置为"汉仪综艺简"，按【Shift+F11】组合键，在打开的对话框中将文本填充为蓝色（R:24, G:184,B:210）。

（6）选择文本，按【Ctrl+K】组合键拆分文本，在文本"运"上绘制曲线，使用智能填充工具单击文本右侧的笔画，创建新的区域，再将"动鞋"文本填为黑色，效果如图 5-10 所示。

（7）选择艺术笔工具，在"笔刷"的"笔刷笔触"下拉列表中选择树状的图样，在矩形黄色区域拖动鼠标绘制树枝图形，效果如图 5-11 所示。

图 5-10　填充文本颜色

图 5-11　绘制树枝图形

（8）使用钢笔工具在树枝间绘制图形，取消轮廓，并填充为黑色，再在其上输入文本，将文本的字体设置为"黑体"，设置文本颜色为黄色（R:255,G:223,B:0），效果如图 5-12 所示。

（9）使用钢笔工具在左侧黑色区域绘制多个不同大小与角度的三角形，取消轮廓，并为其填充相应的颜色，效果如图 5-13 所示。框选所有图形，按【Ctrl+G】组合键进行群组。

图 5-12　绘制图形并输入文本

图 5-13　绘制三角形并填充颜色

（二）绘制、转换与编辑轮廓

下面将绘制潮流运动鞋，主要涉及线条粗细设置、线条样式设置、线条颜色设置、线条端头设置等，其具体操作如下。

微课视频

绘制、转换与
编辑轮廓

（1）选择贝塞尔工具，拖动鼠标绘制运动鞋的大致轮廓，并在属性栏的"对象大小"文本框中输入 70mm、34mm，按【Enter】键确认设置，效果如图 5-14 所示。

（2）选择鞋面与鞋舌，分别单击调色板中的白色和翠绿色（R:172,G:206,B:34）进行填充，然后通过"顺序"命令调整鞋面与鞋舌的叠放顺序，效果如图 5-15 所示。

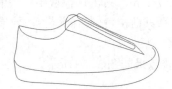

图 5-14　绘制运动鞋轮廓

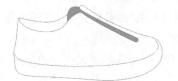

图 5-15　填充鞋面与鞋舌

（3）使用贝塞尔工具在鞋底中下位置绘制出装饰线条，分别选择绘制的线条与鞋面和鞋底中间的线条，在属性栏中将其"轮廓宽度"设置为 1mm，按【Ctrl+Shift+Q】组合键，或选择【对象】/【将轮廓转换为对象】菜单命令，将轮廓转换为对象，使用形状工具进行编辑，效果如图 5-16 所示。

（4）使用贝塞尔工具在鞋尖部分绘制图形，取消轮廓，双击状态栏右下方的按钮，在打开的对话框中单击选中"双色图样填充"按钮，设置"前景颜色"和"背景颜色"分别为灰色和白色，在"填充宽度"和"填充高度"文本框中均输入"5.0mm"，单击 确定 按钮，如图 5-17 所示。

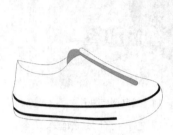

图 5-16 将轮廓转换为对象

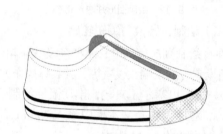

图 5-17 图样填充鞋底

（5）使用贝塞尔工具 ✎ 在鞋帮上绘制出缝纫线，选择绘制的缝纫线，双击状态栏右侧的轮廓笔工具 🖊 或按【F12】键，打开"轮廓笔"对话框，在"颜色"下拉列表中选择灰色，在"宽度"文本框中输入"0.2mm"，在"样式"下拉列表中选择虚线样式，在"线条端头"中选择"圆形端头"单选项，单击 确定 按钮，效果如图 5-18 所示。

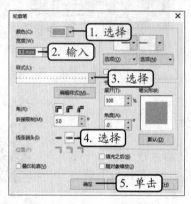

图 5-18 设置轮廓颜色、宽度、样式和线条端头及设置效果

（6）选择椭圆形工具 ◯，在鞋帮上按住【Ctrl】键绘制正圆形，填充为中等灰色（R:161，G:161,B:161），在属性栏中将"轮廓宽度"设置为 0.75mm，右击调色板中较浅的灰色色块（R:238,G:238,B:239），填充轮廓颜色；复制该圆形到鞋帮其他位置，制作鞋带孔，效果如图 5-19 所示。

（7）选择贝塞尔工具 ✎，在鞋孔上方绘制鞋带，效果如图 5-20 所示。

图 5-19 制作鞋带孔

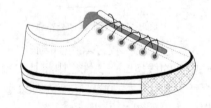

图 5-20 绘制鞋带

（8）按【Shift】键分别选择绘制的鞋带图形，在状态栏中双击"轮廓笔"按钮打开"轮廓笔"对话框，在"颜色"下拉列表中选择浅灰色，在"宽度"文本框中输入"1.5mm"，在"线条端头"中选择"圆形端头"单选项，单击 确定 按钮，如图 5-21 所示。

（9）选择需要调整的鞋带，按【Ctrl+Shift+Q】组合键将其转换为对象，使用形状工具 ⬚ 编辑鞋带不符合要求的线端，效果如图 5-22 所示。

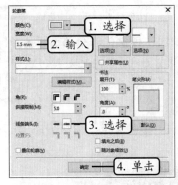

图 5-21 设置轮廓参数

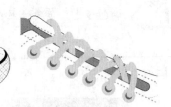

图 5-22 将鞋带转换为对象

（三）装饰运动鞋

绘制完运动鞋后，需要为其添加图案、颜色、阴影等进行装饰，并将其移至背景上，其具体操作如下。

微课视频

装饰运动鞋

（1）使用智能填充工具 🖫 单击鞋口部分，创建新的图形，选择交互式填充工具 🖫，选择创建的图形，从左上到右下拖动鼠标创建渐变效果，分别选择起点与终点控制方块，通过单击调色板中灰色色块设置渐变颜色，效果如图 5-23 所示。

（2）使用贝塞尔工具 🖍 在鞋面上绘制图形，取消轮廓，将其填充为蓝色（C:71,M:0,Y:18,K:0）；对左侧的图形进行复制后向下错位放置，填充为黑色，置于蓝色图形下方，效果如图 5-24 所示。

图 5-23 渐变填充鞋口

图 5-24 绘制鞋面装饰图形

（3）复制源文件提供的"运动鞋花纹 .cdr"文件中的花纹，粘贴到运动鞋上，调整其大小与位置，效果如图 5-25 所示。

（4）框选所有运动鞋元素，按【Ctrl+G】组合键进行群组，然后选择阴影工具 🖫，从鞋子中心向边缘拖动鼠标创建阴影效果，如图 5-26 所示。

图 5-25 添加花纹

图 5-26 创建阴影效果

> **多学一招**
>
> **文档调色板**
>
> 　　默认情况下系统会将最近使用的颜色添加到文档调色板中，文档调色板一般显示在状态栏上方。若没有显示文档调色板，可选择【窗口】/【调色板】/【文档调色板】菜单命令显示出文档调色板。

（5）将运动鞋移至前面制作的背景左侧，旋转至合适角度，效果如图 5-27 所示。完成后保存文件即可。

图 5-27　调整运动鞋位置与角度

任务二　设计化妆品包装

化妆品包装主要分为包装瓶和包装盒，使用填充工具可以为包装制作逼真的色彩效果，本任务将进行详细介绍。

一、任务目标

本任务将首先勾勒化妆品包装轮廓，然后填充对象，制作化妆品包装效果。通过本任务的学习，读者可以掌握使用编辑填充工具、交互式填充工具和智能填充工具填充对象的方法。本任务制作完成后的最终效果如图 5-28 所示。

图 5-28　化妆品包装效果

扫一扫

高清大图

效果所在位置　效果文件\项目五\任务二\设计化妆品包装.cdr

二、相关知识

在制作本任务过程中将涉及一些填充方式与填充工具的使用，下面对相关的知识进行讲解。

（一）单色填充

单色填充又称均匀填充，是非常简单的填充方式，可通过调色板或"编辑填充"对话框来实现。使用调色板填充的方法较为简单，只需拖动色块到图形上或单击调色板中的色块即可。下面主要介绍"编辑填充"对话框的使用方法。

选择编辑填充工具或按【F11】键，即可打开"编辑填充"对话框，单击"均匀填充"按钮，将显示均匀填充选项。对话框中的颜色选择范围更广，自由选择性也更强，其中提供了"模型""混合器""调色板"3 种调色模式。

- **"模型"模式**：提供了完整的色谱。在"模型"下拉列表中选择颜色模式，在左侧的颜色框右侧拖动滑块设置颜色范围，在颜色框中单击可以选择颜色，单击 ✐ 按钮可在界面任何位置取色。也可以在右侧设置需要的颜色值。
- **"混合器"模式**：主要功能是通过组合其他颜色来生成新的颜色，通过旋转色环或从"色度"下拉列表中选择颜色的形状样式。单击色环下方的颜色块可以选择所需的颜色，拖动"大小"滑块可以调整颜色的数量，如图 5-29 所示。
- **"调色板"模式**：该模式的主要功能是通过选择 CorelDRAW X8 中现有的颜色来填充图形，在"调色板"下拉列表中可选择需要的色块，如图 5-30 所示。

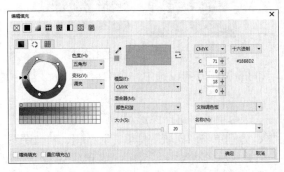

图 5-29　"混合器"模式

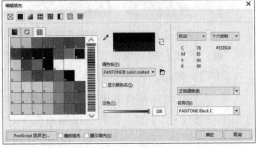

图 5-30　"调色板"模式

（二）渐变填充

渐变填充可以使图形呈现出从一种颜色到另一种或多种颜色渐变的过渡效果，从而使图形符合光照产生的色调变化，使之具有立体感。选择编辑填充工具 ▨ 或按【F11】键，打开"编辑填充"对话框，单击"渐变填充"按钮 ▨，将显示其相关设置，如图 5-31 所示。设置好渐变类型、角度与颜色后，单击 确定 按钮即可。对话框中主要参数的介绍如下。

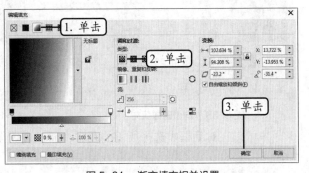

图 5-31　渐变填充相关设置

- **"类型"按钮组**：渐变填充提供了线性、射线、圆锥、方角 4 种渐变类型，不同渐变类型的效果如图 5-32 所示。

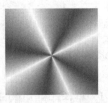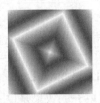

图 5-32　线性渐变效果、射线渐变效果、圆锥渐变效果、方角渐变效果

- **调色状态条**：用于设置颜色以调和渐变颜色，默认为"双色"，可选择上方的颜色滑块，然后单击 ▢▾ 按钮，设置颜色；也可在状态条上方双击，添加颜色滑块，设置出渐变颜色。选择的滑块将以黑色显示，选择滑块后，可设置其位置与颜色，双击选择

的滑块可将其删除。

● **"变换"文本框**：可设置线性、圆锥、方角渐变的方向。图 5-33 所示为不同方向的线性渐变效果。

● **"加速"文本框**：单击其后的 按钮，可输入相应数值设置颜色过渡的色阶，值越大，过渡色越多，过渡效果越自然。图 5-34 所示为不同加速值的渐变效果。

图 5-33　不同方向的线性渐变效果

 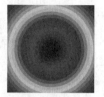

图 5-34　不同加速值的渐变效果

● **调和方向按钮** ：可指定两个选定节点间的调和方向或选中一个中点。

（三）向量、位图、双色图样填充

　　向量图样填充可以将预设的图案按平铺的方式进行填充。选择图形对象后，选择编辑填充工具 或按【F11】键，打开"编辑填充"对话框，分别单击"向量图样填充"按钮、"位图图样填充"按钮和"双色图样填充"按钮，可以设置相关参数，如图 5-35、图 5-36 和图 5-37 所示。

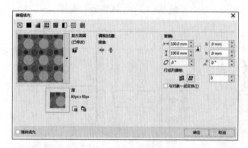 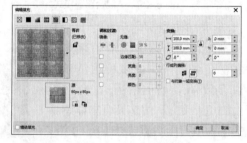

图 5-35　向量图样填充　　　　　　图 5-36　位图图样填充

用户可以在对话框中选择所需的图样，通过设置得到特殊图样填充，如图 5-38 所示。

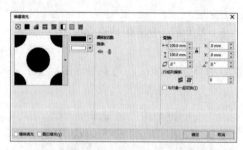 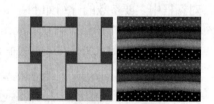

图 5-37　双色图样填充　　　　　　图 5-38　部分图样填充效果

（四）底纹填充

　　底纹填充的效果是位图，是使用随机的小块图案生成的填充效果，可以模仿很多材料效果和自然现象。选择编辑填充工具 或按【F11】键，打开图 5-39 所示的"编辑填充"对话框，单击"底纹填充"按钮 ，将显示底纹填充选项，在左侧展示效果图中可选择底纹库，在中间的列表框中可选择底纹样式，在右侧可设置底纹颜色。

（五）PostScript 填充

PostScript 填充是建立在数学公式基础上的，是用 PostScript 语言设计出的一种效果非常特殊的填充类型。但由于使用该填充方式会占用较多的系统资源，因此并不经常使用。选择编辑填充工具或按【F11】键，打开"编辑填充"对话框，单击按钮将显示 PostScript 填充选项，在其中即可进行相应设置。PostScript 填充效果如图 5-40 所示。

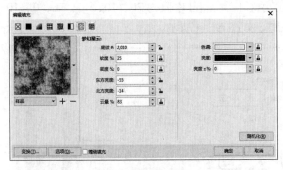

图 5-39 底纹填充

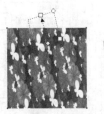

图 5-40 PostScript 填充效果

（六）认识交互式填充工具

交互式填充工具可以实现与编辑填充工具相同的效果，如单色、渐变、图样等，但其操作更为便捷。选择填充的对象后，选择工具箱中的交互式填充工具，在属性栏中设置填充方式，可填充纯色、渐变色或图案等，在对象上拖动鼠标即可创建填充效果。通过拖动填充的控制点或边框角上的控制点可设置填充的旋转角度、填充图案的大小、图案的倾斜度等。选择交互式填充工具后，默认在对象上拖动鼠标将创建黑白的线性渐变填充效果，如图 5-41 所示。

图 5-41 线性渐变填充效果

（七）认识智能填充工具

智能填充工具可以直接对对象的重叠区域进行填充，并且可以快速地在两个或多个重叠的对象中创建新对象，同时可以对单个对象进行填充。

选择图形，在工具箱中选择智能填充工具，此时鼠标指针变为┼形状，在图 5-42 所示的属性栏中设置填充颜色、轮廓宽度和轮廓颜色等参数，然后将鼠标指针移到图形上单击即可为图形填充指定的颜色。

图 5-42 智能填充工具属性栏

三、任务实施

（一）使用编辑填充工具

利用填充工具可对图形进行纯色、渐变色、图案、纹理、图样等填充，其填充方法相似。下面将利用编辑填充工具的渐变填充绘制化妆品包装瓶，其具体操作如下。

微课视频

使用编辑填充工具

（1）使用矩形工具□绘制一个圆角矩形作为瓶盖，如图 5-43 所示。

（2）单击工具箱底部的⊕图标，在打出的列表中选择"编辑填充"。然后选择绘制的图形，选择编辑填充工具，或按【F11】键打开"编辑填充"对话框。

（3）在对话框顶部单击"渐变填充"按钮，在"类型"中单击"线性渐变填充"按钮，在渐变颜色设置框的上边缘双击插入过渡色彩控制点，标记为一个黑色倒三角形。然后分别添加色标，这里设置灰度渐变，依次设置色彩控制点的 K 值为 70、10、30、76、0、10、40、80、0、70，单击 确定 按钮，取消轮廓，如图 5-44 所示。

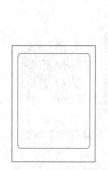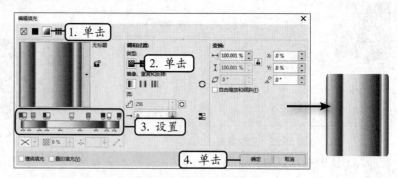

图 5-43　绘制圆角矩形　　　　　　　　　　　图 5-44　渐变填充瓶盖

（4）使用矩形工具□绘制一个圆角矩形作为瓶身，按【F11】键打开"编辑填充"对话框，使用相同的方法创建灰色渐变，依次设置色彩控制点的 K 值为 50、0、20、20、20、0、50，单击 确定 按钮，取消轮廓，如图 5-45 所示。

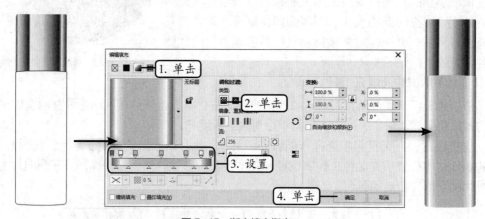

图 5-45　渐变填充瓶身

（5）使用贝塞尔工具，在瓶盖上方下面、瓶身下方绘制细节图形，将瓶身下方的图形置于图层下方。

（6）为瓶盖上方的图形创建线性渐变填充，相关色彩控制点的 K 值为 70、0、100、0、100、20。按住鼠标右键拖动该图形至瓶盖下方的靠上图形上，释放鼠标，在弹出的快捷菜单中选择"复制填充"命令，复制填充渐变，将瓶盖下方的靠下图形填充为白色，如图 5-46 所示。

（7）为瓶盖下方的图形创建线性渐变填充，在"编辑填充"对话框中设置角度为 90，设置起点和终点色彩控制点的 K 值为 50、0，如图 5-47 所示。

（8）选择瓶身，选择透明度工具▨，从中心位置按住鼠标左键向下拖动鼠标创建渐变透明效果，如图 5-48 所示。

图 5-46　添加细节图形　　　　图 5-47　填充细节图形　　　　图 5-48　创建渐变透明效果

（二）使用交互式填充工具

使用交互式填充工具◈可通过拖动鼠标来创建填充效果，通过其属性栏编辑填充效果。下面使用交互式填充工具◈填充包装盒等图形，其具体操作如下。

微课视频

使用交互式填充工具

（1）绘制内包装盒轮廓，选择左侧的图形，选择交互式填充工具◈，从中间向左侧拖动鼠标创建渐变填充效果，如图 5-49 所示。

（2）选择左侧的控制点，在显示的节点颜色中单击▯按钮，在打开的面板中设置"C"为"81"，如图 5-50 所示。

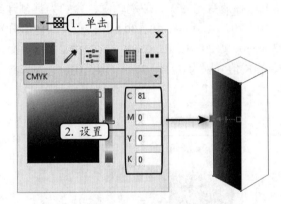

图 5-49　创建渐变填充效果　　　　　　　图 5-50　设置填充颜色

多学一招　　　　　　　　　　　**创建颜色控制点**

　　使用交互式填充工具◈创建两个以上颜色控制点的渐变时，可在控制线上双击来添加颜色控制点，单击选择该控制点，在属性栏中将只出现一个颜色下拉列表框，通过该下拉列表框可设置所选颜色控制点的颜色。

（3）选择右侧的颜色控制点，继续设置颜色，在"C"和"M"文本框中分别输入"100"和"20"，效果如图 5-51 所示。

（4）选择其他面的图形，分别为各面创建线性渐变填充效果（盖面和盖左侧面 K:40、K:10；盖右侧面 K:20、K:0；下左侧面 K:30、K:20、K:30；下右侧面 K:20、K:10、K:10），取消轮廓，调整控制柄的拖动方向，如图 5-52 所示。

（5）使用钢笔工具 ![] 绘制缝隙等细节，取消轮廓，填充相关颜色（缝隙 K:50、中间的阴影 C:77,M:9,Y:20,K:23），填充细节及其效果如图 5-53 所示。

图 5-51　设置渐变颜色

图 5-52　渐变填充图形

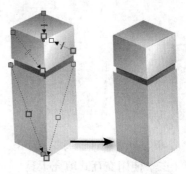

图 5-53　填充细节及其效果

（6）继续绘制瓶子图形，选择瓶颈处的图形，选择编辑填充工具 ![]，或按【F11】键打开"编辑填充"对话框。

（7）在"模型"下拉列表中选择"CMYK"，在右侧的"C"和"K"文本框中分别输入"100"和"30"，单击 ![确定] 按钮，如图 5-54 所示。按住鼠标右键拖动该图形至瓶下方的靠上图形上，释放鼠标，在弹出的快捷菜单中选择"复制填充"命令，复制均匀填充。使用相同的方法将下方图形的 C、M、Y、K 值设置为 100、0、0、30，单击 ![确定] 按钮。

（8）选择瓶身与瓶盖，取消轮廓，分别为其创建线性渐变填充效果（瓶盖 K 值分别为80、30、10、10、0、0、10、30、70；瓶身颜色值分别为 C:100、M:20，第 2、3、4 颜色控制点均为 C:40，C:20、K:20，C:40，C:60、Y:20，C:100、M:20，C:100，C:100、M:20，C:40；中间渐变条 K 值分别为 0、0、70），取消轮廓，调整控制柄的拖动方向，如图 5-55 所示。

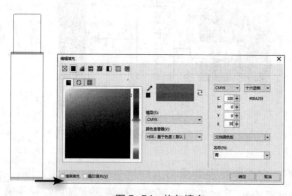

图 5-54　均匀填充

图 5-55　创建渐变填充

（三）创建与更改颜色样式

可以将现有的图形颜色更改为其他颜色，且使其配合合理，整体效果不会发生变化，其具体操作如下。

（1）复制蓝色的瓶子，选择【窗口】/【泊坞窗】/【颜色样式】菜单命令，打开"颜色样式"泊坞窗，如图 5-56 所示。

（2）框选复制的瓶子的瓶盖以外部分，将其拖动到"颜色"列表中，打开"创建颜色样式"对话框，保持默认设置，单击 ![确定] 按钮，如图 5-57 所示。

微课视频

创建与更改颜色样式

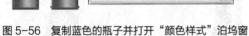

图 5-56 复制蓝色的瓶子并打开"颜色样式"泊坞窗

图 5-57 创建颜色样式

（3）返回工作区查看通过"颜色样式"泊坞窗创建的一组颜色值，单击"和谐文件夹"按钮■全选该组颜色，在下方和谐编辑器边缘上的绿色控制点上按住鼠标左键，沿圆形的边缘拖动鼠标指针至图 5-58 所示的红色区域。查看所选部分的颜色整体偏向红色。

（4）使用相同的方法继续复制瓶子，创建颜色样式组，在下方和谐编辑器边缘上的控制点上按住鼠标左键，沿圆形的边缘拖动鼠标指针至左上角位置，创建草绿色的瓶子，效果如图 5-59 所示。

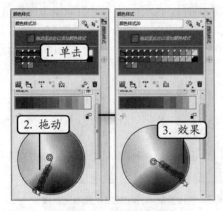

图 5-58 调整颜色样式

图 5-59 创建草绿色的瓶子

> **知识提示**
>
> **颜色的编辑**
>
> 选择一种颜色，可单独编辑其参数值。创建颜色和谐后，再次更改颜色时，应用该颜色的图形的颜色将自动进行改变。

（四）使用智能填充工具

使用智能填充工具■能够方便地为图形的重叠区域、线条与图形围成的区域创建新的图形并进行纯色填充。下面使用智能填充工具■绘制口红和文本标志，其具体操作如下。

（1）使用贝塞尔工具☑分别绘制口红各部分的图形，取消轮廓，分别使用交互式填充工具◇创建线性渐变填充效果，左图（C:20，M:100，Y:100）、（C:62，M:39）、（M:36，Y:20）、（M:20，Y:10）、（M:20，Y:20）、（M:71，Y:47）、（M:100，Y:100）、（M:60，Y:60，K:40），

微课视频

使用智能填充工具

中图（M:20，Y:40）、（K:100）、（K:100）、（Y:20），（Y:20）、（K:10）、（K:100）、（K:100）、（M:20，Y:40，K:0）、（M:20，Y:40），右图（K:100）、（M:20，Y:40）、（Y:20）、（M:20，Y:40）、（K:100）、（K:100）、（M:20，Y:40）、（M:20，Y:40），如图 5-60 所示。

（2）按住鼠标右键拖动下面的图形至最下方的图形上，释放鼠标，在弹出的快捷菜单中选择"复制填充"命令，复制渐变填充，调整颜色控制点位置，如图 5-61 所示。

图 5-60　口红各部分的图形　　　　　　　　　　　　　图 5-61　调整颜色控制点位置

（3）使用贝塞尔工具 ✐ 分别绘制口红下面的外壳图形，取消轮廓；使用交互式填充工具 ◈ 创建线性渐变填充效果，颜色在 K:90 到 K:100 之间变换，效果如图 5-62 所示。

（4）使用贝塞尔工具 ✐ 在口红上端绘制曲线，使用智能填充工具 ◙ 单击曲线上面的部分，创建新的图形，删除线条，取消轮廓；使用交互式填充工具 ◈ 创建线性渐变填充效果，起点与结束点的 C、M、Y、K 颜色值分别为 0、100、100、0 和 0、60、40、0，如图 5-63 所示。

图 5-62　绘制外壳图形　　　　　　　　图 5-63　创建智能填充和线性渐变填充效果

（5）选择文本工具 字，输入文本，在属性栏中设置文本字体为"Arial"，拖动右侧控制点调整文本宽度，使用贝塞尔工具 ✐ 在文本中绘制线条，效果如图 5-64 所示。

（6）选择智能填充工具 ◙，在属性栏中设置填充为"白色""无轮廓"，分别单击线条下面的文本部分，创建新的白色图形，继续在文本下方输入文本，在属性栏中设置文本字体为"Arial"，调整大小，效果如图 5-65 所示。

图 5-64　输入文本并绘制线条　　　　　　　　图 5-65　创建智能填充

> 知识
> 提示
>
> **使用智能填充工具**
>
> 　　使用智能填充工具 ◙ 可以填充封闭的区域，填充图形时将会复制图形，如果多次进行单击可生成多个图形。

（7）将绘制的包装图形分别放到合适位置，添加文本到包装上，调整各包装图形的大小并旋转角度，放到合适位置，分别群组各包装图形，效果如图 5-66 所示。

（8）复制前面的 5 个包装图形进行镜像操作，选择复制的图形，选择【位图】/【转换为位图】菜单命令，将其转换为位图；选择透明度工具，从上到下拖动鼠标创建渐变透明效果，如图 5-67 所示。保存文件，完成本任务的制作。

图 5-66　群组各包装图形　　　　　图 5-67　完成后的效果

知识
提示

使用交互式填充工具

使用交互式填充工具⬧创建渐变填充时，可通过属性栏设置各颜色节点的具体位置。

任务三　设计高跟鞋海报

使用 CorelDRAW 的网状填充工具⊞可以对图形进行多种颜色的填充，也可以制作一些仿真的实物效果。本任务将使用 CorelDRAW 中的网状填充工具⊞对高跟鞋进行写实填充操作。本任务制作完成后的最终效果如图 5-68 所示。

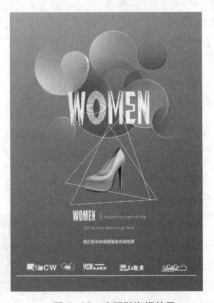

扫一扫

高清大图

图 5-68　高跟鞋海报效果

一、任务目标

在绘制的过程中，首先需要绘制出高跟鞋的大致形状，然后对其填充相应的颜色。通过本任务的学习，读者可以掌握网状填充工具囲的具体使用方法。

素材所在位置	素材文件\项目五\任务三\文字 .cdr
效果所在位置	效果文件\项目五\任务三\高跟鞋海报 .cdr

二、相关知识

除了前文介绍的填充工具外，CorelDRAW 中还提供了颜色滴管工具☑、属性滴管工具☑、网状填充工具囲等，下面将分别对其进行讲解。

（一）颜色滴管工具和属性滴管工具

颜色滴管工具☑和属性滴管工具☑都可以填充对象颜色，所不同的是，颜色滴管工具☑只能填充颜色，而属性滴管工具☑可以为对象填充包括颜色以外的其他属性。

● **颜色滴管工具☑**：主要用于获取图形对象中的局部颜色，可在任意目标对象（如图形、文本和位图等）中使用。要吸取颜色，可选择工具箱中的颜色滴管工具☑，移动鼠标指针至工作区或绘图区后，鼠标指针将变为☑形状，此时对需吸取颜色的对象单击，然后移动鼠标指针到需填充颜色的对象上，单击即可将吸取的颜色填充到该对象上，如图 5-69 所示。

图 5-69 颜色滴管工具填充

● **属性滴管工具☑**：可以复制对象属性，如填充、轮廓、大小和效果，并将这些属性应用到其他对象上，如图 5-70 所示。

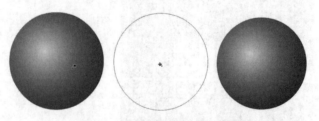

图 5-70 属性滴管工具填充

（二）网状填充工具

使用网状填充工具囲选择图形时，被填充图形上将出现分割网状填充区域的线条。选择其中的一个或多个颜色节点后，可以分别为其设置不同的填充颜色，而且每个区域的大小可以随意设置，从而创造出自然而柔和的过渡填充效果，如图 5-71 所示。其中节点的编辑方法与曲线的类似，同样可进行拖动、

图 5-71 网状填充效果

添加、删除等操作。在属性栏中还可设置选择节点的方式，单击■按钮可平滑网状填充节点的颜色。

三、任务实施

（一）使用网状填充工具创建主网格

下面将绘制高跟鞋的基本形状，使用网状填充工具■创建主网格，其具体操作如下。

微课视频

使用网状填充工具创建主网格

（1）在 CorelDRAW X8 中新建图形文件，保存为"高跟鞋海报 .cdr"。

（2）选择工具箱中的贝塞尔工具☑绘制高跟鞋鞋面外轮廓，然后按【F10】键切换到形状工具☑，并对绘制的图形进行调整，如图 5-72 所示。

（3）在鞋面上方绘制矩形，旋转矩形，使其与鞋面有相似的角度，选择【视图】/【线框】菜单命令，切换到线框模式。选择矩形，取消轮廓，选择工具箱中的网状填充工具■，在属性栏中设置行数为 5，列数为 1，按【Enter】键确认设置，将在矩形上出现设置的网格，如图 5-73 所示。

图 5-72　绘制高跟鞋鞋面外轮廓

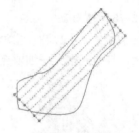

图 5-73　设置网格

> **知识提示**
>
> ### 使用网状填充工具
>
> 若直接在绘制的轮廓上创建网格可能会使网格的节点不易调整。绘制矩形后，选择工具箱中的网状填充工具■可为选择的图形创建网格，且填充为白色。选择线框模式方便将网格按绘制的鞋面轮廓进行调整。

（4）选择颜色节点，将出现控制柄，使用编辑曲线的方法分别拖动网格线或颜色节点的控制柄，调整主网格线的位置，如图 5-74 所示。

（5）为了方便曲线的造型，可单击网格线，在编辑曲线中单击即可出现♦图标，双击该图标，可以添加网格线的控制节点，再通过拖动该节点进行造型，使网格沿高跟鞋轮廓进行分布，效果如图 5-75 所示。

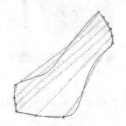

图 5-74　调整主网格线

图 5-75　添加网格线的控制节点

（二）创建详细网格

在主网格的基础上，需要进一步创建详细网格，以方便颜色的填充，其具体操作如下。

（1）选择【视图】/【增强】菜单命令，切换到正常显示模式，选择选择工具 ，取消网格的轮廓。

（2）选择网状填充工具 ，框选所有颜色节点，在属性栏的"网状填充"面板中选择鞋面主体颜色，这里设置为土黄色（C:12,M:38,Y:51,K:0），如图 5-76 所示。

（3）选择部分网格，为其填充较浅的土黄色（C:4,M:17,Y:18,K:0），效果如图 5-77 所示。

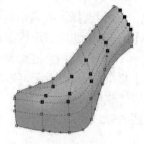

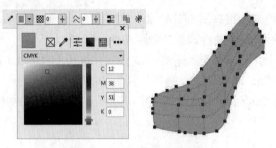

图 5-76　设置鞋面主体颜色　　　　　　　　图 5-77　填充较浅的土黄色

（4）选择部分网格，为其填充较深的土黄色（C:23,M:48,Y:54,K:0），效果如图 5-78 所示。

（5）分别选择其他网格，仔细填充颜色，得到图 5-79 所示的鞋面填充效果。

图 5-78　填充较深的土黄色　　　　　　　　图 5-79　鞋面填充效果

（6）使用贝塞尔工具 和形状工具 ，绘制出高跟鞋的其他外轮廓图，如图 5-80 所示。

（7）选择网状填充工具 为鞋跟和内部做填充，然后将鞋跟和鞋底阴影面填充为深红色（R:117,G:57,B:56），如图 5-81 所示。

图 5-80　绘制高跟鞋其他外轮廓图　　　　　图 5-81　填充其他颜色

（三）使用属性滴管工具

下面将绘制渐变圆形作为广告背景图形，再使用属性滴管工具 来简化操作，其具体操作如下。

（1）双击矩形工具▢，创建一个与页面相同大小的矩形，使用交互式填充工具◈对其应用线性渐变填充，设置颜色为从红色（R:255,G:81,B:0）到橘红色（R:255,G:153,B:102）再到橘黄色（R:255,G:204,B:0），如图5-82所示。

（2）选择绘制好的高跟鞋，适当调整图形大小，将其放到橘色渐变背景中，如图5-83所示。

微课视频

使用属性滴管工具

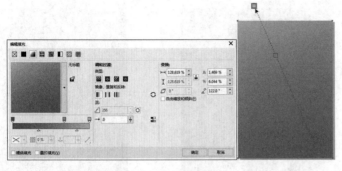

图5-82　填充背景颜色　　　　　　　　图5-83　调整高跟鞋位置

（3）选择椭圆形工具◯，在广告画面上方绘制一个圆形，使用交互式填充工具◈对其应用黄色（R:255,G:255,B:0）到橘黄色（R:255,G:175,B:44）的线性渐变填充，如图5-84所示。

（4）再绘制一个圆形，使用属性滴管工具✐单击渐变圆形，然后在圆形中单击，如图5-85所示。

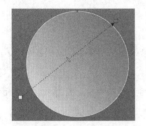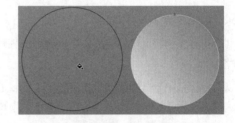

图5-84　填充渐变颜色　　　　　　　　图5-85　复制属性

（5）得到复制属性的圆形，将两个圆形分别放到高跟鞋上方，如图5-86所示。

（6）使用交互式填充工具◈选择复制的圆形，根据喜好改变渐变颜色，如图5-87所示。

（7）选择透明度工具▨，分别对两个圆形应用透明填充，效果如图5-88所示。

图5-86　调整两个圆形位置　　　图5-87　改变渐变颜色　　　图5-88　应用透明填充效果

（8）继续绘制多个圆形，使用属性滴管工具 复制渐变颜色属性，然后调整渐变颜色，并对其应用透明效果，如图 5-89 所示。

（9）选择贝塞尔工具 ，在高跟鞋图形周围绘制两个三角形，填充轮廓为白色，如图 5-90 所示。

（10）打开"文字 .cdr"文件，复制文本，分别放到广告画面中，调整位置，如图 5-91 所示。完成本任务的制作。

图 5-89　绘制其他渐变颜色圆形　　　　图 5-90　绘制三角形　　　　图 5-91　添加文本

实训一　绘制相机

【实训要求】

本实训要求绘制相机，绘制过程中将使用编辑填充工具 、椭圆形工具 和矩形工具 。

【实训思路】

根据实训要求，先使用椭圆形工具 和矩形工具 绘制相机的基本外形，再使用编辑填充工具 为其应用线性渐变填充，最后为图形制作投影。本实训的参考效果如图 5-92 所示。

扫一扫

高清大图

图 5-92　绘制相机的效果

效果所在位置　效果文件 \ 项目五 \ 实训一 \ 绘制相机 .cdr

【步骤提示】

（1）新建空白图形文件，使用矩形工具□绘制一个圆角矩形，作为相机的基本造型。

（2）选择编辑填充工具，对圆角矩形应用线性渐变填充，设置颜色为深灰色到黑色。

（3）使用矩形工具□和形状工具，绘制出相机机身的其他部分。

（4）使用编辑填充工具，分别对机身图形进行渐变填充。

（5）选择椭圆形工具○，绘制多个圆形，将其重叠放置在一起，并为其填充渐变颜色，得到镜头的基本效果。

（6）在镜头中再绘制几个圆形，取消填充颜色，为其设置轮廓颜色和粗细。

（7）绘制好图形后，选择对象进行复制，然后垂直翻转对象，将其放到下方，做透明度填充，得到投影效果，完成后保存文件。

微课视频

绘制相机

实训二　绘制创意苹果标志

【实训要求】

本实训要求用 CorelDRAW 绘制创意苹果标志，在绘制的过程中，首先需要绘制出苹果的大致形状，然后对其填充相应的颜色。通过本实训的学习，读者可以掌握交互式填充的使用方法等知识，包括交互式填充工具◇和网状填充工具등。本实训的参考效果如图 5-93 所示。

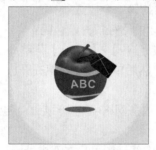

图 5-93　创意苹果标志

扫一扫

高清大图

【实训思路】

根据实训要求，先绘制出辐射渐变背景，再绘制出苹果的大致形状，然后对其填充相应的颜色。

效果所在位置　效果文件＼项目五＼实训二＼创意苹果标志 .cdr

【步骤提示】

（1）新建一个图形文件，绘制背景矩形，取消轮廓，使用交互式填充工具◇创建椭圆渐变填充效果。

（2）使用贝塞尔工具绘制出苹果的大致轮廓，然后使用网状填充工具등创建 9 行 12 列的网格，再通过"颜色泊坞窗"泊坞窗对颜色控

微课视频

绘制创意苹果标志

制点进行填充。

（3）绘制苹果把，使用网状填充工具 田 创建网格，填充苹果把。

（4）绘制标签与标签绳子，取消轮廓，创建渐变填充效果。绘制线条，设置线条颜色为浅黄色（R:234,G:215,B:173）。

（5）在苹果上绘制苹果肉区域，取消轮廓，填充为浅黄色（R:234,G:215,B:173）。输入文本，设置字体为"Arial"并加粗。按【Ctrl+K】组合键对苹果进行拆分，再进行适当旋转，将其填充为与苹果肉相同的颜色。在苹果图形下方绘制阴影，完成后保存文件。

常见疑难解析

问：当轮廓为虚线的时候，填充效果会从空隙溢出吗？

答：不会。当对象的轮廓样式被设置为虚线时对象仍然是封闭的图形，因此并不影响对象颜色的填充。

问：给曲线添加了箭头后，为什么使用选择工具单击箭头不能选择该曲线呢？

答：因为箭头只是样式，是附属于曲线的，所以使用选择工具 单击曲线上的箭头不能选择该曲线。

问：有时将图形轮廓加粗后，轮廓就出现了毛刺现象，这个问题可以解决吗？如果可以解决，该怎样解决？

答：可以。出现毛刺现象后，选择该图形，再打开"轮廓笔"对话框，选中该对话框的"角"中的第二个单选项和"线条端头"中的第二个单选项。

问：在 CorelDRAW X8 中可以为未封闭的路径填充颜色吗？

答：可以，不过需要进行设置。选择【工具】/【选项】菜单命令，在打开的"选项"对话框中选择"文档"下的"常规"选项，然后单击选中"填充开放式曲线"复选框即可。默认情况下该复选框不被选中。

问：在使用网状填充工具填充图形时，双击网格中的虚线后，将会自动添加一条网格线，怎样才能只添加节点呢？

答：按【Shift】键的同时双击网格中的虚线，则可只在双击处添加节点而不添加网格线。

问：为什么在使用颜色滴管工具吸取颜色时，在"颜色泊坞窗"泊坞窗中没有显示该颜色的颜色值呢？

答：使用颜色滴管工具 吸取颜色时，需要在其属性栏中左侧的下拉列表框中选择"示例颜色"选项，在吸取颜色时才会显示颜色值。

拓展知识

1. 24 色环

光从物体反射到人的眼睛可引起一种视觉心理感受。色彩按字面含义上理解可分为色和彩，所谓色是指人对进入眼睛并传至大脑的光所产生的感觉，彩则指多色的意思，是人对光变化的理解。在对色彩进行搭配前，需要对 24 色环有一定的了解，这样在搭配色彩时才不会出错。24 色环如图 5-94 所示。

2. 颜色的相关知识

在进行作品设计时，色彩的运用非常重要，下面就先来了解色彩的联想与象征、色彩的冷暖对比及色彩搭配相关概念。

- **色彩的联想与象征**：每一种颜色都能引起人们的一些联想，而且每一种颜色能代表其独特的象征意义。图 5-95 所示为常见颜色给人的感受。

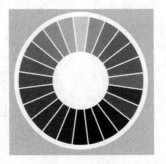

图 5-94　24 色环　　　　　　　图 5-95　常见颜色给人的感受

- **色彩的冷暖对比**：色彩有冷色和暖色之分。其中冷色给人以寒冷、清爽的感觉，如蓝色，而暖色给人以温暖和热情的感觉，如红色和橙色。将冷色与暖色合理搭配可产生强烈的对比效应，给人以极具冲击力的视觉效果。
- **色彩搭配相关概念**：在学习色彩搭配前需要先了解类似色、对比色、互补色的概念。在色相环上相隔 60° 的颜色互为类似色，例如红与橙红、黄与绿、绿与青等；相隔 120° 的颜色互为对比色，例如红与黄、橙与绿、青与红等；相隔 180° 的颜色互为互补色，例如黄与紫、橙与青等。

3. 常用色彩搭配

常用色彩搭配有很多种类，包括同类色搭配、临近色搭配、类似色搭配、对比色搭配、有彩色和无彩色搭配、互补色搭配、色彩渐变等，下面将分别对其进行讲解。

- **同类色搭配**：先选择一种颜色作为整幅画面的基础色，然后用明度对比显示的颜色来进行搭配，这样能给人以安静、清爽的感觉。
- **临近色搭配**：使用色相环上位置临近的颜色进行搭配，能够使整个画面更协调。
- **类似色搭配**：使用色相环上相隔 60° 左右的颜色进行搭配，如红与黄和橙、黄与绿等，能给人以明快、耐看的感觉。
- **对比色搭配**：使用色相环上相隔 120° 的颜色进行搭配，如红与黄、橙与绿、青与红等，可以给人以鲜明、强烈、饱满、活跃、兴奋的感觉。
- **有彩色和无彩色搭配**：有彩色和无彩色搭配时，如果无彩色的范围较大，能营造出一种宁静的氛围；如果大面积有彩色搭配白色或灰色，可以得到明亮、轻快的效果。
- **互补色搭配**：使用色相环上相隔 180° 的两个颜色进行搭配，如红与绿、黄与紫等，可以给人以充实、强烈、运动的感觉。
- **色彩渐变**：如按色相环上的顺序排列颜色，将得到一种雨后彩虹的效果。色彩渐变还包括纯度渐变和明度渐变等。

课后练习

（1）制作汽车海报。首先添加汽车和水花背景素材制作出广告主画面，然后输入广告文本，再在文本周围绘制轮廓，并在属性栏中设置轮廓属性。完成后的效果如图 5-96 所示。

图 5-96　汽车海报效果

素材所在位置　素材文件＼项目五＼课后练习＼水花 .png、汽车素材 .png

效果所在位置　效果文件＼项目五＼课后练习＼设计汽车海报 .cdr

（2）绘制一个机器人。首先使用钢笔工具 和形状工具 ，绘制出机器人的基本造型；然后使用编辑填充工具 和交互式填充工具 ，分别对图形做渐变填充；最后添加素材图像。完成后的效果如图 5-97 所示。

图 5-97　机器人效果

素材所在位置　素材文件＼项目五＼课后练习＼西红柿 .png、炸土豆 .png

效果所在位置　效果文件＼项目五＼课后练习＼制作机器人 .cdr

项目六
图形造型与边缘修饰

情景导入

老洪告诉了米拉一个新的知识："除了通过绘制得到图形，还可以对图形进行合并、修剪、涂抹与修饰边缘或图框裁剪等操作。不同的图形、不同的造型方式、叠放次序都将隐藏造型效果。此外，若需要设计不同的造型轮廓，在设置转动、涂抹、粗糙、排斥与吸引造型时，还需要对笔尖半径等参数进行设置。"下面我们就来学习吧！

学习目标

- 掌握简约风格画框的制作方法
  如使用刻刀工具、图框精确裁剪图形、移除前面的对象等。

- 掌握小说封面的制作方法
  如使用沾染工具、涂抹工具、粗糙工具等。

素质目标

能够结合实际进行图形造型实践与创新，加强动手能力，避免纸上谈兵。

案例展示

▲ 制作简约风格画框

▲ 制作小说封面

任务一 制作简约风格画框

本任务将绘制一幅漂亮的风景画，并且为其添加画框效果。首先绘制风景图像中的基本图形，然后通过造型功能对其进行编辑，最后添加画框和阴影效果。

一、任务目标

本任务将使用刻刀工具 ，并涉及对象的精确裁剪与对象的造型等操作，对简约风格画框进行制作。本任务制作完成后的效果如图 6-1 所示。

扫一扫

高清大图

图 6-1　简约风格画框效果

素材所在位置　素材文件 \ 项目六 \ 任务一 \ 画框 .png、植物 .png、城堡 .cdr
效果所在位置　效果文件 \ 项目六 \ 任务一 \ 制作简约风格画框 .cdr

二、相关知识

本任务制作过程中将涉及造型对象、合并与拆分对象、对象的基本裁剪、橡皮擦工具 和虚拟段删除工具 等知识，下面将对这些知识进行简单的介绍。

（一）造型对象

通过造型对象可以对多个对象进行合并、修剪简化和相交等操作，生成更为丰富的图形和效果。选择多个对象后，在属性栏中单击相应造型按钮（如图 6-2 所示），或选择【对象】/【造形】菜单命令中的相应命令进行设置，也可选择【对象】/【造形】/【造型】菜单命令，打开"造型"泊坞窗（如图 6-3 所示）进行设置。

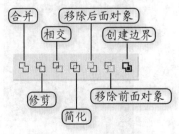

图 6-2　属性栏造型按钮

图 6-3　"造型"泊坞窗

下面将对各造型方式进行介绍。

- **焊接（合并）对象**：焊接对象是指将多个对象结合生成一个新的对象。新的对象以被焊接对象的边界为轮廓，对于有重叠的对象，焊接后将只有一个轮廓；对于分离的对象，将形成一个"焊接群组"，相当于单个对象，效果如图6-4所示。
- **修剪对象**：修剪对象是指用一个对象去修剪另一个对象，从而生成新的对象。被修剪的对象将被自动删除，且被修剪后的新对象属性与目标对象保持一致，效果如图6-5所示。
- **相交对象**：相交对象是指通过多个重叠对象的公共部分来创建新对象，新对象的尺寸和形状与重叠区域完全相同，其属性则与目标对象一致，效果如图6-6所示。

图6-4　焊接（合并）对象　　　　图6-5　修剪对象　　　　图6-6　相交对象

- **简化对象**：简化对象是指清除前面对象与后面对象的重叠部分，保留剩余部分的操作。对于复杂的对象，使用该功能可以有效减小文件的大小，而且不会影响到作品的外观。效果如图6-7所示。
- **移除后面对象**：移除后面对象是指可以清除后面的对象以及前后对象的重叠部分，并保留前面对象的非重叠部分。该操作与简化对象相似，但不同的是执行该操作后，最顶层的对象将被其下几层的对象修剪，修剪后只保留修剪生成的对象，且必须有重叠部分才能执行该操作，效果如图6-8所示。
- **移除前面对象**：移除前面对象是指清除前面的对象以及前后对象的重叠部分，并保留后面对象的非重叠部分，即最底层的对象被其上几层的对象修剪，修剪后只保留修剪生成的对象，效果如图6-9所示。

图6-7　简化对象　　　　　图6-8　移除后面对象　　　　图6-9　移除前面对象

- **创建边界**：创建边界后其原对象不变，但是会围绕原对象创建一个新对象，效果如图6-10所示。

（二）合并与拆分对象

合并对象是指将多个对象合并为一个对象，与焊接对象不同，合并对象后还可拆分为单独的对象，且合并后偶数重叠的区域将被删除。如图6-11所示，两个对象重叠的区域被删除，其余区域被保留。

图6-10　创建边界

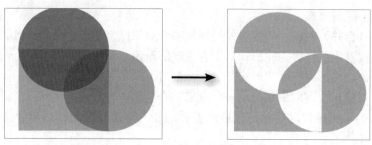

图 6-11　合并对象

合并后，对象的填充、轮廓等属性将会根据选择对象的方式沿用不同对象的属性，分别介绍如下。

● 单击选择多个对象时，合并后的对象将沿用最后选择对象的属性。

● 框选多个对象时，合并后的对象将沿用最下层对象的属性。

合并对象较为简单，选择需要合并的多个对象后，选择【对象】/【合并】菜单命令，或右击，在弹出的快捷菜单中选择"合并"命令，或按【Ctrl+L】组合键即可进行合并操作。

合并对象后，若要将其拆分为多个对象，选择合并后的对象，然后选择【对象】/【拆分】菜单命令，或右击，在弹出的快捷菜单中选择"拆分"命令，或按【Ctrl+K】组合键即可进行拆分操作。在 CorelDRAW 中，创建的多个文本、喷涂样式等都属于合并的对象，可使用拆分操作将其拆分为单独的字符和图形。

（三）对象的基本裁剪

使用裁剪工具 🔲 可以矩形裁剪对象上需要的部分，其操作方法简单。选择裁剪工具 🔲 后，在选择的对象上拖动鼠标绘制裁剪框，完成后按【Enter】键即可实现裁剪，如图 6-12 所示。

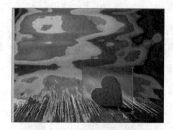

图 6-12　对象的基本裁剪

（四）橡皮擦工具

使用橡皮擦工具 🔲 不仅可以擦除矢量图中不需要的部分，还可以对导入的位图进行部分擦除，并自动封闭剩余部分，生成新的图形。在使用橡皮擦工具的过程中，可通过其属性栏设置笔触的厚度与形状，也可进行直线或手绘擦除，分别介绍如下。

● **直线擦除**：选择需要擦除的对象，在工具箱的裁剪工具组中选择橡皮擦工具 🔲，将鼠标指针移到对象上，在起点位置单击，移动到擦除的终点处，再次单击，两点之间的直线区域将被擦除。

● **手绘擦除**：选择需要擦除的对象，在工具箱的裁剪工具组中选择橡皮擦工具 🔲，将鼠标指针移到对象上，按住鼠标左键进行拖动，拖动的区域将被擦除。

（五）虚拟段删除工具

虚拟段删除工具 🔲 仅用于矢量图中，可以删除相交对象中相交部分的线段，以产生新的图形。在工具箱的裁剪工具组中选择虚拟段删除工具 🔲，将鼠标指针移至相交的线段上，当

鼠标指针呈 ▼ 形状后,单击即可完成虚拟段的删除,也可拖动虚线框框选需要删除的多条线段,
如图 6-13 所示。

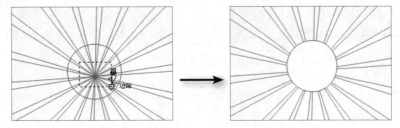

图 6-13　虚拟段删除

三、任务实施

（一）使用刻刀工具切割图形

使用刻刀工具 ▼ 可以将一个单独的对象切割为多部分。下面将使
用刻刀工具 ▼ 切割画框中风景图的背景,并分别对切割的部分进行填
充,其具体操作如下。

（1）新建横向的空白文件,将其保存为"制作简约风格画框 .cdr"。
双击矩形工具 □ 新建一个与背景相同大小的矩形,并取消轮廓。

（2）选择交互式填充工具 ◈,在属性栏中选择"渐变填充"按钮 ▦,
再选择"椭圆形渐变填充"按钮 ▦,如图 6-14 所示。

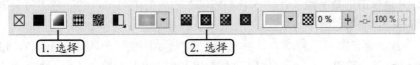

图 6-14　设置工具属性

（3）拖动鼠标创建由浅绿色（R:212,G:233,B:214）到绿色（R:166,G:212,B:174）的椭圆
形渐变填充效果,如图 6-15 所示。

（4）在矩形下方绘制矩形并取消轮廓,使用交互式填充工具 ◈,设置渐变方式为
"线性渐变填充"。在绘制的矩形上纵向拖动,创建灰色（R:228,G:238,B:228）到浅灰色
（R:250,G:250,B:250）的线性渐变填充效果,完成背景的制作,如图 6-16 所示。

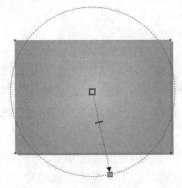

图 6-15　创建椭圆形渐变填充效果

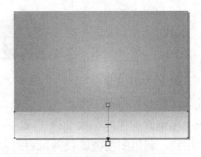

图 6-16　创建线性渐变填充效果

（5）选择矩形工具 □,绘制一个矩形,按【Ctrl+Q】组合键将其转曲,如图 6-17 所示。

（6）在裁剪工具组中选择刻刀工具 ▼,将鼠标指针移至需要切割的起点处,当鼠标指

针呈 形状时，单击定位切割起点，在切割终点处再次单击将沿两点间的直线切割图形。这里在起点处按住鼠标左键拖动鼠标绘制切割线，当鼠标指针再次呈 形状时在终点位置释放鼠标，如图 6-18 所示。

（7）使用相同的方法继续对绘制的矩形进行切割，效果如图 6-19 所示。

图 6-17 绘制矩形

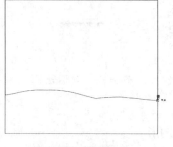
图 6-18 切割矩形

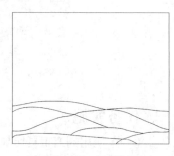
图 6-19 切割效果

多学
一招

切割图形时的需求

只有当鼠标指针呈 形状时才能进行切割操作，否则操作无效。对于文本或绘制的形状，需要将其转换为曲线后，才能进行切割操作。

（8）选择上部分图形，选择网状填充工具 ，在属性栏中将网格行和列均设置为 4。编辑网格线，分别单击选择节点，在"颜色泊坞窗"泊坞窗中对节点的颜色进行设置，填充后的效果如图 6-20 所示。

（9）选择下部分图形，分别为其填充图 6-21 所示的橘红色（C:5,M:63,Y:64,K:0），橘黄色（C:8,M:53,Y:78,K:0），淡黄色（C:14,M:48,Y:64,K:0），粉色（C:8,M:29,Y:37,K:0）和红色（C:26,M:53,Y:82,K:0）到橘黄色（C:35,M:77,Y:61,K:0）的渐变颜色。

（10）选择透明度工具 ，单击选择中间的图形，并在其上拖动创建线性渐变透明效果，如图 6-22 所示。

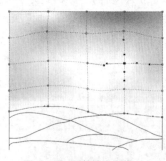
图 6-20 网状填充图像

图 6-21 填充纯色和渐变颜色

图 6-22 创建线性渐变透明效果

（二）图框精确裁剪图形

图框精确裁剪（PowerClip）是 CorelDRAW X8 中一项非常重要的功能，在前面的任务中时常用到。利用图框精确裁剪可将对象裁剪为任意的形状。下面将使用裁剪功能将城堡图形裁剪到矩形中，并对裁剪对象的大小、位置进行编辑，其具体操作如下。

（1）打开"城堡 .cdr"文件，复制城堡图形，将其粘贴到"制作简约风格画框 .cdr"文件中，并调整城堡图形到合适大小，效果如图 6-23 所示。

图 6-23　城堡效果

（2）绘制一个矩形，选择城堡图形，选择【对象】/【PowerClip】/【置于图文框内部】菜单命令，这时鼠标指针呈 ➡ 形状，在绘制的矩形中心单击，将城堡图形裁剪到该矩形中，取消矩形轮廓，如图 6-24 所示。

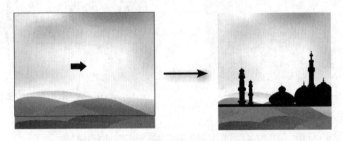

图 6-24　将城堡图形裁剪到矩形中

多学
一招

如何将对象置入图文框中

单击的位置将确定内容中心的位置。在城堡图形上按住鼠标右键的同时将其拖动到图文框上，当鼠标指针呈 ⊕ 形状时，释放鼠标，在弹出的快捷菜单中选择 "PowerClip 内部" 命令，也可将所选对象置入该图文框中。

（3）按【Ctrl+Home】组合键将其置于页面之上。选择城堡所在的图形，在下方将出现功能按钮栏，单击 "编辑 PowerClip" 按钮 🔳，如图 6-25 所示。

（4）进入编辑图文框内容的状态，选择城堡图形，将其移动到合适位置，调整其大小，完成后单击下方的 "停止编辑内容" 按钮 🔳，如图 6-26 所示。

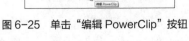

图 6-25　单击 "编辑 PowerClip" 按钮　　　　图 6-26　编辑图文框内容

灵活使用功能按钮栏

选择图文框对象，单击功能按钮栏中的"选择 PowerClipe 内容"按钮🖾可选择图文框内的内容，单击"提取内容"按钮🖾可将图文框中的内容提取出来，单击"锁定 PowerClipe 内容"按钮🖾可在变换图文框时不改变图文框中的内容。

（5）导入"画框 .png"文件，将其放到背景图像中，如图 6-27 所示。
（6）选择绘制的风景画框图形，适当调整大小，将其放到画框内部，如图 6-28 所示。

图 6-27　导入文件

图 6-28　调整图形位置和大小

（三）移除前面的对象

通过移除前面的对象，可以在下层图形上移除上层图形的形状。下面将通过该功能裁剪画面中的装饰边框，其具体操作如下。

（1）选择矩形工具🔲，绘制两个不同大小的矩形，重叠放置在风景图中，如图 6-29 所示。

（2）选择绘制的两个矩形，单击属性栏中的"移除前面对象"按钮🖾，或选择【对象】/【造形】/【移除前面对象】菜单命令，然后将裁剪后的对象填充为白色，并取消轮廓，效果如图 6-30 所示。

微课视频

移除前面的对象

图 6-29　绘制矩形

图 6-30　设置矩形的效果

（3）选择阴影工具🔲，在白色边框左侧按住鼠标左键向右拖动鼠标，拖拉出投影，得到图 6-31 所示的效果。

（4）选择白色边框，使用阴影工具🔲在图形中间按住鼠标左键向外侧拖动鼠标，为其创建投影，效果如图 6-32 所示。

（5）选择文本工具🔲，在画面中输入文本，并调整至合适的大小和位置。

（6）导入"植物 .png"文件，调整大小后将其放到画框左侧，如图 6-33 所示。完成本任务的制作。

图 6-31 拖拉出投影的效果

图 6-32 创建投影的效果

图 6-33 导入文件

任务二 制作小说封面

在小说封面中经常需要用到一些插画图案，使用线条工具与曲线编辑工具绘制这些图案较为费劲，这时可使用沾染工具、涂抹工具和粗糙工具等轮廓造型工具来得到快速造型效果。

一、任务目标

本任务将使用沾染工具、涂抹工具和粗糙工具来制作小说封面，制作时先绘制页面背景，然后绘制并涂抹智慧树，最后涂抹文本，制作特殊的文本效果。通过本任务的学习，读者可以掌握涂抹、粗糙笔刷的方法。本任务制作完成后的最终效果如图 6-34 所示。

图 6-34 小说封面效果

扫一扫

高清大图

效果所在位置 效果文件 \ 项目六 \ 任务二 \ 制作小说封面 .cdr

二、相关知识

在进行本任务的制作时将涉及对象轮廓的处理与造型操作，除了本任务使用的沾染工具 ⬚、涂抹工具 ⬚和粗糙工具 ⬚外，还有许多其他工具。下面将对 CorelDRAW 中其他轮廓处理与造型工具进行介绍。

（一）转动工具

转动工具 ⬚可以将图形边缘的曲线按指定的方向进行转动，得到类似螺纹的造型效果。在形状工具组中选择转动工具 ⬚，在其属性栏中可设置笔尖半径、转动速度、转动方向等，如图 6-35 所示。设置完成后选择对象，在需要转动的曲线上按住鼠标左键，将自动对笔尖半径圆内的曲线进行旋转操作，造型合适后释放鼠标即可完成转动造型操作，效果如图 6-36 所示。

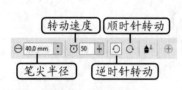

图 6-35　转动工具属性栏

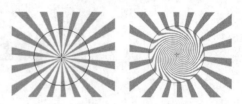

图 6-36　转动效果

（二）吸引工具

使用吸引工具 ⬚可以将笔尖半径圆范围内的节点重叠到笔尖半径圆的中心。在形状工具组中选择吸引工具 ⬚，在其属性栏中可设置笔尖半径、吸引速度等。设置完成后选择对象，在需要吸引的曲线上按住鼠标左键，将自动对笔尖半径圆内的曲线进行聚拢操作，造型合适后释放鼠标即可完成吸引造型操作，效果如图 6-37 所示。

（三）排斥工具

使用排斥工具 ⬚可以实现吸引工具 ⬚的反向操作效果，即将笔尖半径圆内的曲线与节点向笔尖半径圆的边缘分开，可以产生膨胀的效果。选择需要编辑的对象，然后在工具箱中选择排斥工具 ⬚，在其属性栏中可设置笔尖半径、排斥速度等。设置完成后选择对象，在需要排斥的曲线上按住鼠标左键，将自动对笔尖半径圆内的曲线进行分开操作，造型合适后释放鼠标即可完成排斥造型操作，效果如图 6-38 所示。

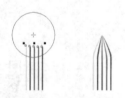

图 6-37　吸引效果

图 6-38　排斥效果

三、任务实施

（一）使用沾染工具

使用沾染工具 ⬚可以将对象由内部向外部推动或由外部向内部推动，从而生成新的对象，涂抹只能对曲线图形进行编辑。下面将使用沾染工具 ⬚对树干进行涂抹来制作枝丫，其具体操作如下。

（1）新建一个 A4 大小的空白文件，将其保存为"制作小说封面 .cdr"。双击矩形工具□新建背景矩形，选择交互式填充工具◇，由上到下拖动矩形创建线性渐变填充，颜色为从深绿色到浅绿色（C:100,M:87,Y:77,K:69；C:93,M:58,Y:77,K:28；C:60,M:0,Y:60,K:20），效果如图 6-39 所示。

微课视频

使用沾染工具

（2）在页面下方绘制两个图形，取消轮廓，分别填充浅绿色（C:48,M:7,Y:41,K:0）和淡蓝色（C:2,M:0,Y:20,K:0），如图 6-40 所示。

图 6-39 创建线性渐变填充效果

图 6-40 绘制并填充图形

（3）选择贝塞尔工具☑，拖动鼠标绘制树的主要躯干，取消轮廓；选择交互式填充工具◇，由上到下拖动矩形创建线性渐变填充，颜色为不同深浅的土黄色（C:47,M:43,Y:71,K:14；C:48,M:7,Y:41,K:0），如图 6-41 所示。

（4）在形状工具组中选择沾染工具☑，在属性栏中设置"笔尖半径"为 4mm，"笔倾斜"为 80°，将鼠标指针移至树干内侧，按住鼠标左键向外侧拖动鼠标，涂抹树干，如图 6-42 所示。

（5）在属性栏中调整笔尖半径，使用相同的方法继续涂抹树干，绘制其他枝丫，然后选择形状工具☑，编辑枝丫曲线，效果如图 6-43 所示。

图 6-41 绘制树的躯干

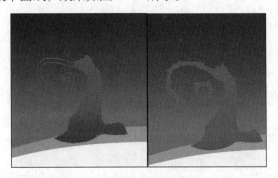
图 6-42 使用沾染工具涂抹树干

图 6-43 绘制其他枝丫

多学
一招

巧用沾染工具

在拖动时，若将鼠标指针移至树干外侧，向内侧拖动鼠标可擦除拖动的区域。

选择沾染工具☑后，在其属性栏中可改变笔尖半径，笔刷的宽度、倾斜和方位。其中，笔倾斜值越接近 90°，涂抹的转角越平滑。

（二）使用涂抹工具

使用涂抹工具 涂 可以涂抹出尖角的效果。下面将使用涂抹工具 涂 涂抹树干，其具体操作如下。

（1）在工具箱的形状工具组中选择涂抹工具 涂 ，在属性栏中将笔尖半径设置为 5mm，压力设置为 85，将鼠标指针移至树干内侧，按住鼠标左键向外侧拖动鼠标，效果如图 6-44 所示。

（2）在属性栏中调整笔尖半径值与压力值，对其他树干进行涂抹。在涂抹过程中，单击属性栏中的"尖状涂抹"按钮 ，在其他树干内侧向外拖动鼠标可制作出尖角的效果；单击"平滑涂抹"按钮，可涂抹出圆滑的曲线效果。

（3）将鼠标指针移至树根外侧，向内侧拖动鼠标可擦除部分树根，效果如图 6-45 所示。

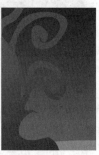

图 6-44　使用涂抹工具向外涂抹的效果　　　　图 6-45　向内涂抹效果

> **知识提示**
>
> **巧用涂抹工具**
>
> 　　选择涂抹工具后，在属性栏中设置的压力值越大，涂抹后的效果越明显，最大值为 100。

（三）使用粗糙工具

使用粗糙工具 可更改图形轮廓的平滑度，并使图形的边缘产生锯齿效果。下面将使用粗糙工具 处理文本的边缘，其具体操作如下。

（1）选择贝塞尔工具 ，在树干上绘制树叶图形并取消轮廓。按【Shift+F11】组合键，在打开的对话框中选择"RGB"颜色模式，填充绿色（R:82,G:213,B:3）和深绿色（R:70,G:137,B:22），效果如图 6-46 所示。

（2）选择文本工具 ，输入"tree of knowledge"，在属性栏中将文本字体设置为"Arial"，并加粗。

（3）选择交互式填充工具 ，从左下向右上拖动鼠标创建线性渐变填充，颜色为从绿色到淡绿色（R:82,G:213,B:13；R:185,G:211,B:16），如图 6-47 所示。

（4）使用选择工具 选择文本，按【Ctrl+Q】组合键将文本转曲，调整文本的长度与高度，如图 6-48 所示。

图 6-46　绘制与填充树叶

图 6-47　创建线性渐变填充效果

（5）在工具箱的形状工具组中选择粗糙工具，在属性栏中设置"笔尖半径"为 10mm，"尖突频率"为 10，"笔倾斜"为 45°。单击选择文本，在文本上从左到右水平拖动鼠标创建锯齿的粗糙效果，如图 6-49 所示。

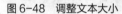

图 6-48　调整文本大小　　　　　　　　　　　　　　图 6-49　创建粗糙效果

（6）继续在文本上从左到右水平拖动鼠标创建锯齿效果，完成后从右到左水平拖动文本叠加创建锯齿，效果如图 6-50 所示。

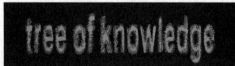

图 6-50　文本叠加锯齿的效果

多学一招　　　　　　　　　　　**使用粗糙工具**

　　选择粗糙工具后，可通过其属性栏分别设置笔刷的宽度、笔刷的粗糙化频率、在粗糙化时的衰减程度、产生锯齿的大小等。

（四）涂抹文本

下面对输入的文本进行涂抹，并编辑涂抹后的效果，创造艺术字的效果，其具体操作如下。

（1）选择文本工具，输入"智慧树"文本，在属性栏中将字体设置为"方正隶书简体"，按【Ctrl+K】组合键将其拆分为单个文本，然后调整文本的位置和大小，如图 6-51 所示。

（2）选择文本，按【Ctrl+Q】组合键将文本转曲，然后在形状工具组中选择沾染工具，在属性栏中设置"笔尖半径"为 3mm，"笔倾斜"为 90°。选择文本"智"，将鼠标指针移至文本内侧，按住鼠标左键

微课视频

涂抹文本

向外侧拖动鼠标，涂抹笔画，效果如图 6-52 所示。

图 6-51　拆分文本　　　　　　　　　　　　　　图 6-52　涂抹笔画

（3）继续对其他笔画或文本进行涂抹，涂抹完成后选择形状工具，对涂抹的文本边缘进行编辑，使曲线圆滑，完成后的效果如图 6-53 所示。

（4）按【Ctrl+G】组合键群组文本，填充为深绿色（R:18,G:57,B:57），如图 6-54 所示。

图 6-53　文本涂抹并编辑后的效果　　　　　　　图 6-54　填充文本颜色

（5）复制"智慧树"文本，进行向上偏移操作。选择复制的文本，再选择交互式填充工具，从下向上拖动鼠标创建线性渐变填充效果（R:62,G:167,B:126；R:152,G:199,B:45），如图 6-55 所示。

（6）在页面左侧绘制书脊，选择交互式填充工具，从下向上拖动鼠标创建线性渐变填充效果，颜色为从绿色到深绿色（R:7,G:34,B:43；R:62,G:167,B:126），如图 6-56 所示。

图 6-55　创建线性渐变填充效果

（7）使用文本工具输入书名、作者、出版社等相关文本，在属性栏中分别将字体设置为"方正少儿简体""华文彩云""华文行楷"，单击属性栏中的"将文本更改为垂直方向"按钮设置竖排文本。

（8）在封面中输入其他文本，在属性栏中分别将字体设置为"方正少儿简体""Freehand521BT"。

（9）调整文本的颜色、位置和大小后保存文件，效果如图 6-57 所示。完成任务的制作。

图 6-56　制作书脊

图 6-57　完成效果

实训一　制作音乐会邀请卡

【实训要求】

本实训要求制作音乐会邀请卡，其中包括邀请卡背景、唱片和音乐符号的制作，主要涉及图形的修剪、图形的绘制与编辑等知识。

【实训思路】

根据实训要求，制作时可先创建背景图形，使用椭圆形工具◯绘制空心圆；再绘制矩形，通过修剪功能，制作出半边圆形；然后绘制渐变圆形、音乐符号等；最后为邀请卡添加文本。本实训的参考效果如图 6-58 所示。

扫一扫

高清大图

图 6-58　音乐会邀请卡效果

 效果所在位置　效果文件＼项目六＼实训一＼音乐会邀请卡.cdr

【步骤提示】

（1）新建一个横向的空白文件，双击矩形工具▢创建一个与页面相同大小的矩形，填充为绿色（R:91,G:169,B:151）。

（2）使用椭圆形工具◯绘制两个不同大小的圆形，居中对齐。

（3）选择这两个圆形，单击属性栏中的"移除前面对象"按钮，

微课视频

制作音乐会邀请卡

得到空心圆，填充为深紫色（R:62,G:50,B:70）。

（4）绘制一个矩形，与空心圆做修剪，得到半边空心圆。

（5）绘制多个圆形线条，与矩形做修剪，并调整大小到合适位置，放到空心圆中。再使用贝塞尔工具 和形状工具 绘制出音乐符号。

（6）绘制圆形并应用线性渐变填充，再添加文本，完成后保存文件。

实训二　绘制插画猫咪

【实训要求】

本实训要求使用沾染工具 和涂抹工具 快速绘制插画猫咪，绘制时可使用提供的素材花纹作为插画背景。本实训的参考效果如图 6-59 所示。

扫一扫

高清大图

图 6-59　插画猫咪效果

【实训思路】

根据实训要求，可以先绘制猫咪的大致轮廓，再使用涂抹工具 来涂抹猫咪的毛和胡子等，最后绘制猫咪的眼睛、鼻子、嘴巴等图形，完成猫咪的绘制。

素材所在位置　素材文件＼项目二＼实训二＼花纹背景 .cdr
效果所在位置　效果文件＼项目二＼实训二＼插画猫咪 .cdr

【步骤提示】

（1）新建一个空白图形文件，使用贝塞尔工具 绘制猫咪的轮廓，取消轮廓，填充为黑色。

（2）选择涂抹工具 ，拖动边缘绘制猫咪的毛和胡子。

（3）结合贝塞尔工具和形状工具的使用，绘制出眼睛、鼻子和嘴巴图形，并填充相应的颜色。

（4）添加毛的修饰图形，取消轮廓，填充为灰色（R:110,G:107,B:106）。使用涂抹工具 涂抹边缘。

微课视频

绘制插画猫咪

（5）添加背景图形与花纹，进行图框裁剪，完成后保存文件。

常见疑难解析

问：在对图形进行整形操作时，怎样区分目标对象和来源对象呢？

答：如果用框选方式选择对象，则最先创建的对象为目标对象，其他的均是来源对象；如果用点选方式选择对象，则最后一个点选对象为目标对象，其他的均是来源对象。

问：利用修剪功能也可以制作镂空效果吗？

答：可以。目标对象被修剪后，被修剪的区域变为空心，透过被修剪区域可以看到下面的图形。

问：在对对象进行嵌套组合后，可以选择其中的某个对象吗？

答：可以。按住【Ctrl】键使用选择工具 ▶单击嵌套组合中的某个对象，可以在不取消组合的情况下选择该对象。

问：使用涂抹工具可以修饰未转曲的图形吗？

答：不可以。使用涂抹笔刷修饰的图形应为手绘的图形或转曲后的基本图形，如果是没有转曲的基本图形，在使用涂抹笔刷编辑对象时将会弹出"转换为曲线"对话框，提示涂抹笔刷只适用于曲线对象。此时单击 确定 按钮将对象转换为曲线，然后就可以用涂抹笔刷编辑对象了。

拓展知识

图框精确裁剪不仅可以将需要的图形或图片裁剪成任意的形状，还可以配合网格工具将图片裁剪成均匀的方块。其方法为：导入需要裁剪的图片，使用网格工具绘制需要裁剪的网格，使用图框精确裁剪的方法将图片裁剪到绘制的网格中，然后设置网格线颜色与粗细，按【Ctrl+U】组合键取消轮廓，分别移动网格中的小方块将同时移动所框剪的图片区域，效果如图 6-60 所示。

图 6-60　均匀裁剪图片

课后练习

（1）本练习将用 CorelDRAW 制作一个记事簿封面，在制作时首先新建图形文件，对记事簿的背景进行制作，然后绘制矩形，通过形状工具组的多种造型工具制作文本和花朵枝干等。完成后的参考效果如图 6-61 所示。

扫一扫

高清大图

图 6-61　记事簿封面效果

素材所在位置　素材文件 \ 项目六 \ 课后练习 \ 图案 .cdr
效果所在位置　效果文件 \ 项目六 \ 课后练习 \ 记事簿封面 .cdr

（2）根据提供的素材文件制作产品宣传海报，要求产品醒目，在颜色搭配上具有夏日的气氛。在制作之前可先对海报需要的信息进行整理，然后通过造型工具绘制出海报中的部分图形，再将素材图形裁剪到背景中，最后添加相关的产品文本。完成后的参考效果如图 6-62 所示。

扫一扫

高清大图

图 6-62　产品宣传海报效果

素材所在位置　素材文件 \ 项目六 \ 课后练习 \ 宣传海报素材
效果所在位置　效果文件 \ 项目六 \ 课后练习 \ 产品宣传海报 .cdr

项目七
文本输入与处理

情景导入

　　米拉觉得在之前的操作中学习了很多知识，其中包括对文本的操作，但是只学习了设置字体、字号、颜色等基础操作，他想要学习更多的文本编辑操作。老洪说："在CorelDRAW 中文本的类型有多种，还可对文本设置字距和行距等。"下面我们就来系统地学习文本输入与处理吧！

学习目标

- ● 掌握宣传折页的制作方法
  如创建文本、设置美术字文本属性、输入与设置段落文本、插入特殊字符等。

- ● 掌握杂志内页的制作方法
  如制作杂志内页版面、输入与导入文本、串连文本框、设置文本与段落属性、涂抹文本、设置项目符号、设置文本绕图等。

素质目标

　　提升设计感和审美能力，并培养不断学习、分析、积累的工作态度。

案例展示

▲制作宣传折页

▲制作杂志内页

任务一　制作宣传折页

本任务制作的宣传折页需要标明官方网址、联系电话、地址等相关信息。在 CorelDRAW 中制作宣传折页比较简单，通常只需输入文本并加以修改即可。下面介绍具体制作方法。

一、任务目标

本任务将练习在 CorelDRAW 中制作宣传折页，在制作时需要先新建文档，再制作宣传折页的背景效果，最后输入文本，并根据需要编辑文本的属性。通过本任务的学习，读者可以掌握在 CorelDRAW 中创建文本和设置文本属性等相关操作。本任务制作完成后的最终效果如图 7-1 所示。

扫一扫

高清大图

图 7-1　宣传折页效果

素材所在位置　素材文件＼项目七＼任务一＼茶 1.jpg ~ 茶 4.jpg、茶字体 .png
效果所在位置　效果文件＼项目七＼任务一＼制作宣传折页 .cdr

二、相关知识

在练习文本的输入和设置之前，需要对 CorelDRAW 的文本有所了解。下面主要对在 Windows 系统中安装字体和 CorelDRAW 的文本类型进行介绍。

（一）安装字体

在平面设计中，只用 Windows 系统自带的字体很难满足设计需要，因此需要安装系统外的字体。选择需要安装的字体，单击鼠标右键，在弹出的快捷菜单中选择"复制"命令，然后选择【开始】/【控制面板】/【外观和个性化】/【字体】菜单命令，打开"字体"文件夹。在空白处单击鼠标右键，在弹出的快捷菜单中选择"粘贴"命令，可直接将字体安装到系统中。不过字体并不宜安装过多，否则会占用很大的内存空间，影响工作效率。

（二）文本的类型

在 CorelDRAW 中，文本的类型分为美术字文本、段落文本、沿路径文本 3 种类型，下面分别进行介绍。

1. 美术字文本

输入美术字文本时，每行文本都是独立的，行的长度会随着文本的编辑而增加或缩短，但不能自动换行。使用美术字文本的好处是可以自由地设置文本，在间距和换行上不受文本框的限制。

选择工具箱中的文本工具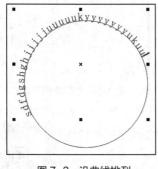（或按【F8】键），在绘图区中的任意位置单击，定位文本插入点，然后输入需要的文本即可，按【Enter】键可换行。

2. 段落文本

输入段落文本时，系统会将输入的所有文本作为一个对象进行处理，行的长度由文本框的大小和形状决定，即当输入的文本到达文本框的右边界时，文本将自动换行。使用段落文本的好处是文本能够自动换行，且能够迅速为文本添加制表位和项目符号等。

选择工具箱中的文本工具，将鼠标指针移动到需要输入文本的位置，按住鼠标左键拖动鼠标可绘制出一个文本框，在绘制的文本框中输入文本。

多学一招

在美术字文本和段落文本间切换

在 CorelDRAW 中美术字文本和段落文本是可以相互转换的。选择文本后按【Ctrl+F8】组合键，或在文本上单击鼠标右键，在弹出的快捷菜单中选择"转换美术字文本（段落文本）"命令即可。

---

3. 沿路径文本

沿路径输入文本时，系统会根据路径的形状自动排列文本，使用的路径可以是闭合的图形或未闭合的曲线。通过使用沿路径文本可以使文本按任意形状排列，且可以轻松制作各种文本排列的艺术效果。

首先利用绘图或线形工具绘制图形或曲线作为路径，然后选择工具箱中的文本工具，将鼠标指针移到路径的外轮廓上，当鼠标指针变为形状时单击定位文本插入点，依次输入需要的文本，此时输入的文本将沿图形或曲线进行排列，如图 7-2 所示。若将鼠标指针移动到闭合的图形内部，当鼠标指针变为形状时，单击图形内部将根据闭合图形的形状出现虚线框，并显示文本插入点，依次输入文本，输入的文本便以图形外轮廓的形状进行排列，如图 7-3 所示。

图 7-2　沿曲线排列 图 7-3　以图形外轮廓的形状排列

多学一招

使文本适合路径

创建文本后，还可使该文本适合路径，其方法为：选择文本，选择【文本】/【使文本适合路径】菜单命令，将鼠标指针移至路径上单击，使该文本适合创建的路径。

三、任务实施

（一）创建文本

下面将制作宣传折页的基本结构并创建美术字文本，其具体操作如下。

微课视频
创建文本

（1）新建图形文件，设置页面大小为 297mm×210mm，在页面中创建参考线，将页面平均分为 3 部分，如图 7-4 所示。

（2）选择矩形工具□，在页面中绘制多个矩形，分别填充为绿色（R:75,G:141,B:127）和白色，并取消轮廓，如图 7-5 所示。

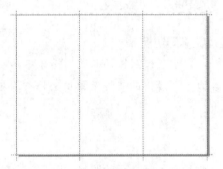

图 7-4　创建参考线

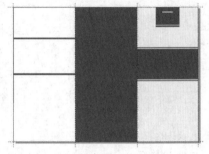

图 7-5　绘制矩形并填充颜色

（3）选择工具箱中的文本工具字，在宣传折页右侧上方的绿色矩形中单击鼠标定位文本插入点，输入美术字文本"御茶行"，如图 7-6 所示。

（4）再次选择文本工具字，单击属性栏中的"将文本更改为垂直方向"按钮，在宣传折页右侧下方输入竖排美术字文本，如图 7-7 所示。

图 7-6　输入美术字文本

图 7-7　输入竖排美术字文本

（二）设置美术字文本属性

完成文本的输入后，下面为输入的文本设置相关的属性，其具体操作如下。

微课视频
设置美术字文本属性

（1）使用选择工具选择"御茶行"文本，单击调色板中的白色色块，并在属性栏中设置字体为"汉仪小隶书简"，字体大小为 24pt，如图 7-8 所示。

（2）选择下方的两行竖排文本，按【Alt+Enter】组合键打开"对象属性"泊坞窗，单击"字符"按钮Ａ，设置字体为"方正兰亭中黑"，字体大小为 10pt，字体颜色为绿色（R:75,G:141,B:127），如图 7-9 所示。

图 7-8　设置文本属性　　　　　　　　　　　图 7-9　设置文本属性

（3）导入"茶字体 .png"素材图像，将其调整为合适的大小，放到宣传折页右侧，如图 7-10 所示。

（4）在竖排文本下方再输入一行美术字文本，在属性栏中设置字体为"方正兰亭中黑"，填充为绿色（R:75,G:141,B:127），调整为合适的大小。

（5）选择矩形工具，在竖排文本两侧绘制几条细长矩形，填充为绿色（R:75,G:141, B:127），再绘制一个矩形放到右侧最底部文本下方，如图 7-11 所示。

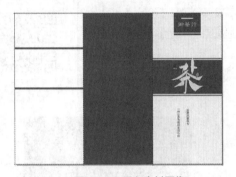
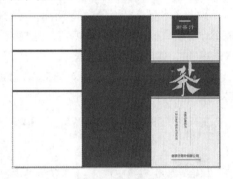

图 7-10　导入素材图像　　　　　　　　　　图 7-11　绘制矩形

（三）输入与设置段落文本

下面将输入段落文本并设置相关属性，其具体操作如下。

（1）选择宣传折页右侧中的部分图像和文本，复制对象，将其放到宣传折页中间，如图 7-12 所示。

（2）选择文本工具，在宣传折页中间按住鼠标左键拖动鼠标绘制文本框（可根据输入文本的多少来绘制文本框），在其中单击，定位文本插入点，再输入相应的段落文本，如图 7-13 所示。

微课视频
输入与设置段落文本

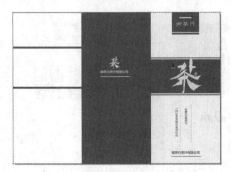
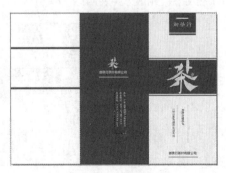

图 7-12　复制图像和文本　　　　　　　　　图 7-13　输入段落文本

（3）保持段落文本的选择状态，按【F10】键切换到形状工具 ，将鼠标指针移动到右下角的 箭头处，按住鼠标左键拖动鼠标，调整段落文本的行距，到一定距离后释放鼠标即可，如图 7-14 所示。

（4）选择贝塞尔工具 ，在段落文本周围绘制几条直线，填充为白色，如图 7-15 所示。

图 7-14　调整段落文本　　　　　　　　　　　图 7-15　绘制直线

（四）插入特殊字符

下面为段落文本插入特殊字符作为项目符号，其具体操作如下。

（1）将文本插入点定位到段落前，选择【文本】/【插入字符】菜单命令，打开"插入字符"泊坞窗，在"字符过滤器"中选择"符号"，选择一种符号，如图 7-16 所示。

（2）双击该符号，将其插入到文本前面。使用相同的方式，在其他文本前面插入符号，效果如图 7-17 所示。

微课视频

插入特殊字符

图 7-16　选择符号　　　　　　　　　　　　　图 7-17　插入符号

（3）选择文本工具 ，在宣传折页左侧下方输入文本，如图 7-18 所示。

（4）导入"茶 1.jpg"～"茶 4.jpg"素材图像，将其放到宣传折页左侧页面中，适当调整图像大小，完成效果如图 7-19 所示。完成本任务的制作。

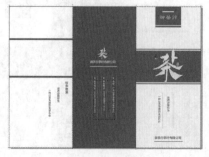

图 7-18　输入文本　　　　　　　　　　　　　图 7-19　完成效果

任务二　制作杂志内页

　　杂志是指有固定刊名，以期、卷、号或年、月为序，定期或不定期连续出版的印刷读物。它根据一定的编辑方针，将众多作者的作品汇集成册出版。在 CorelDRAW 中制作杂志内页，不但需要图形、图片来表达信息，还需要设置文本的相关属性，使其更具阅读性。

一、任务目标

　　本任务将练习使用 CorelDRAW 制作杂志内页，制作时首先新建图形文件，然后设计页面版面，并导入文本，再为其设置文本格式。通过本任务的学习，读者可以掌握导入文本和设置段落文本的格式等相关知识。本任务制作完成后的最终效果如图 7-20 所示。

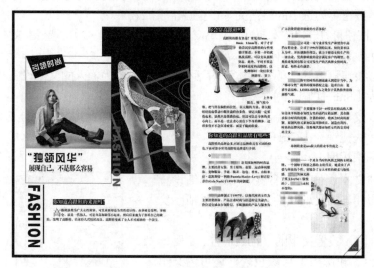

图 7-20　杂志内页效果

素材所在位置	素材文件\项目七\任务二\人物 1.jpg、人物 2.jpg、鞋 1.png、鞋 2.jpg、鞋 3.jpg、文本 .txt
效果所在位置	效果文件\项目七\任务二\制作杂志内页 .cdr

二、相关知识

　　在 CorelDRAW 中可通过文本工具属性栏设置文本格式，也可使用"文本属性"泊坞窗设置文本格式，还可对段落文本框进行设置以得到需要的效果。当使用长文本时，还可查找与替换文本。下面分别进行讲解。

（一）通过文本工具属性栏设置文本格式

　　通过文本工具属性栏可设置文本的字体、字号、下画线、对齐方式等。选择文本后，其属性栏如图 7-21 所示。

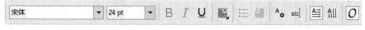

图 7-21　文本工具属性栏

文本工具属性栏中的各部分作用如下。

- 宋体 ▼ **下拉列表框**：单击其右侧的 ▼ 按钮，在打开的下拉列表中可为选中的文本设置字体样式。
- 24 pt ▼ **下拉列表框**：单击其右侧的 ▼ 按钮，在打开的下拉列表中可为选中的文本设置字体大小。
- B **按钮**：单击该按钮可将选中的文本设置为加粗字形（适用于段落文本）。
- *I* **按钮**：单击该按钮可将选中的文本设置为倾斜字形（适用于段落文本）。
- U **按钮**：单击该按钮可为选中的文本添加下画线。
- ⬛ **按钮**：单击该按钮可为选中的文本设置对齐方式，其中包括左对齐、居中对齐、右对齐、全部调整、强制调整 5 种对齐方式。
- ⬛ **按钮**：单击该按钮可为选中的段落文本设置项目符号，快捷键为【Ctrl+M】。
- ⬛ **按钮**：单击该按钮可为选中的段落文本设置首字下沉效果。
- A。**按钮**：单击该按钮可打开"文本属性"泊坞窗，快捷键为【Ctrl+T】。选择【文本】/【文本属性】菜单命令也可打开"文本属性"泊坞窗。
- abl **按钮**：单击该按钮可打开"编辑文本"对话框，在其中可为输入的文本设置相关属性，快捷键为【Shift+Ctrl+T】。
- ⬛ **按钮**：单击该按钮可更改选中文本的方向，在 CorelDRAW 中默认输入的文本方向为水平方向，快捷键为【Ctrl+.】。

（二）"文本属性"泊坞窗

在 CorelDRAW 的"文本属性"泊坞窗中可以详细设置文本的字符属性、段落属性与图文框属性，如图 7-22 所示。各属性设置分别介绍如下。

- **设置文本属性**：除了设置文本的字体、字号、字距、颜色、底纹颜色、轮廓粗细与颜色外，还可为文本设置上画线、下画线、删除线，改变文本的位置，将其设置为上标或下标等。
- **设置段落属性**：设置段落对齐方式、首行缩进值、左缩进值、右缩进值、字符高度、行高、段前间距、段后间距、字符间距、语言间距与字间距等。
- **设置图文框属性**：设置文本在文本框中的对齐方式、文本框背景的颜色、文本框的方向、分栏的栏数等。

（三）段落文本框设置

在创建段落文本框后，可设置显示文本框、使文本适合框架、链接与断开链接文本框，下面分别进行介绍。

- **显示文本框**：默认创建的文本框是隐藏的，只有在选择时才显示。用户可设置将其显示出来，其方法为：选择需要进行调整的文本框，选择【文本】/【段落文本框】/【显示文本框】菜单命令，再次选择该命令可再次隐藏文本框。

图 7-22 "文本属性"泊坞窗

● **使文本适合框架**：在 CorelDRAW 中，通过文本适合框架功能可以根据段落文本框的大小来调整文本的大小，使其与段落文本框的大小相适应。选择需要进行调整的文本框，选择【文本】/【段落文本框】/【使文本适合框架】菜单命令，让文本适合文本框的大小。

● **链接与断开链接文本框**：同时选择需要链接的多个文本框，选择【文本】/【段落文本框】/【链接（断开链接）】菜单命令可将多个文本框串连起来（或将串连的文本分开）。

（四）查找与替换文本

在长篇幅段落中，使用查找与替换文本的功能可查找错误的文本，还可一次性在多个对话框中输入查找的内容，单击 查找下一个(N) 按钮进行查找。若选择【编辑】/【查找并替换】/【替换文本】菜单命令，在打开的对话框中不仅需要输入查找的文本，还需要输入替换的文本，单击 全部替换(P) 按钮进行全部替换。

三、任务实施

（一）制作杂志内页版面

在制作杂志内页之前，首先需要制作其版面。下面将新建图形文件，然后对其进行版式设计，其具体操作如下。

微课视频

制作杂志内页版面

（1）新建一个图形文件，设置页面大小为 420mm×285mm（未加出血线），然后将其保存为"制作杂志内页 .cdr"。

（2）绘制页面大小的矩形，在页面中设置辅助线（注意设置贴齐辅助线），使用矩形工具 □ 在页面中绘制两个矩形，如图 7-23 所示。

（3）导入"人物 1.jpg""人物 2.jpg"素材文件，缩放其大小，再依次选择图像，选择【对象】/【PowerClip】/【置于图文框内部】菜单命令，然后分别单击矩形，放到其中。绘制形状与矩形条，取消轮廓，填充为黑色，如图 7-24 所示。

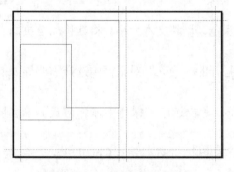

图 7-23　设置辅助线并绘制矩形

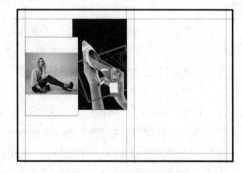

图 7-24　导入并裁剪图像

（二）输入与导入文本

下面输入文本，并将提供的素材文本导入文件，其具体操作如下。

微课视频

输入与导入文本

（1）在黑色图形上输入文本"引领时尚"，在属性栏中设置字体格式为"汉仪综艺体简，24pt，白色"。使用旋转对象的方法旋转文本。

（2）选择文本工具 字，在"人物 1.jpg"素材图像下方单击定位文本插入点，输入文本"'独展风华'"，在属性栏中将字体格式设置为"汉仪综艺体简，34pt"。继续在下方输入文本"展现自己，不是那么容易"，设置字体格式为"方正大标宋简体，24pt"。

（3）使用形状工具 单击"展现自己，不是那么容易"文本，将鼠标指针移动到左下角的 箭头处，拖动鼠标调整字间距，效果如图 7-25 所示。

（4）在"人物 1.jpg"素材图像右侧输入"FASHION"文本，将字体格式设置为"Arial Black，36，灰色"，在属性栏中单击"将文本更改为垂直方向"按钮 ，转换为竖排文本，将其对齐于矩形左侧的右边缘，如图 7-26 所示。

图 7-25　输入文本

图 7-26　输入竖排文本

多学一招　**转换字母大小写**

输入小写单词，选择【文本】/【更改大小写】菜单命令，在打开的对话框中选中对应的单选项，可将单词转换为首字母大写或全部大写的单词。

（5）复制"FASHION"文本，更改颜色为黑色，调整文本大小，将其移动至页面左下角辅助线内，并绘制矩形条，效果如图 7-27 所示。

（6）选择【文件】/【导入】菜单命令，在打开的"导入"对话框中选择需要导入的外部文本"文本 .txt"，然后单击 导入 按钮。

（7）此时将打开"导入 / 粘贴文本"对话框，单击选中"保持字体和格式"单选项，单击 确定 按钮即可，如图 7-28 所示。

（8）此时鼠标指针变为 形状，在页面中拖动鼠标将文本导入 CorelDRAW 中，导入后的文本自动生成段落文本，效果如图 7-29 所示。

多学一招　**导入外部文本**

选择【文本】/【编辑文本】菜单命令，在打开的"编辑文本"对话框中单击 导入(I)... 按钮，也可以导入外部文本。

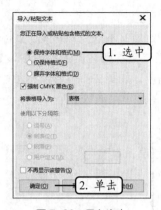

1. 选中

2. 单击

图 7-27　复制文本　　　　　图 7-28　导入文本　　　　　图 7-29　导入文本效果

（三）串联文本框

当文本框不能完全显示文本内容时，除了可调整文本框大小来显示外，还可将其内容串联到新的文本框中，其具体操作如下。

（1）选择文本框，拖动四周的控制点调整其大小。单击文本框下方的 ▱ 图标，鼠标指针变为 ➡ 形状，沿右侧的辅助线绘制文本框，如图 7-30 所示。

（2）在新建的文本框中将显示上一文本框中未显示完的内容。调整上一文本框的大小，该文本框的内容将发生相应变化，效果如图 7-31 所示。

微课视频

串联文本框

图 7-30　绘制文本框　　　　　　　图 7-31　串联文本框效果

知识
提示

串联文本和图形

　　除了在文本框中链接文本外，还可在单击文本框下方的 ▤ 图标后，再单击图形，将文本链接到图形中。进行串联操作后，选择文本框或图形，将出现蓝色的箭头图形。

（四）设置文本与段落属性

下面将对文本框中内容的字体格式与段落格式进行设置，使版面更加美观，其具体操作如下。

（1）选择段落文本框，按【Ctrl+T】组合键打开"文本属性"泊坞窗，设置字体格式为"方正小标宋简体，10pt"，如图 7-32 所示。

（2）选择文本框，在段首单击定位文本插入点，拖动鼠标选择"你知道高跟鞋的来源吗？"文本，在"文本属性"泊坞窗中设置文本颜色为白色，设置文本底纹颜色为黑色，如图 7-33 所示。使用相同的方法为其他相同级别的文本应用相同的颜色与底纹。

微课视频

设置文本与段落属性

图 7-32　设置整个段落字体格式

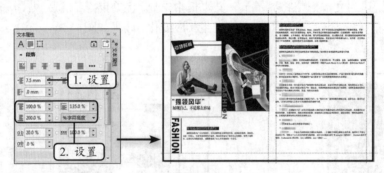

图 7-33　设置文本颜色与底纹颜色

（3）选择文本框，在"文本属性"泊坞窗的"段落"栏中设置首行缩进为 7.5mm、行高为 135%、段后间距为 200%，如图 7-34 所示。

图 7-34　设置文本段落属性

（五）首字下沉与分栏

首字下沉与分栏是重要的排版方式。下面为杂志内页版面右侧的文本框设置首字下沉与分栏效果，其具体操作如下。

（1）将文本插入点定位到第二段文本中，选择【文本】/【首字下沉】菜单命令，打开"首字下沉"对话框，设置下沉行数为 2，单击 确定 按钮，如图 7-35 所示。

（2）再将下沉的文本颜色更改为 K50，效果如图 7-36 所示。

微课视频

首字下沉与分栏

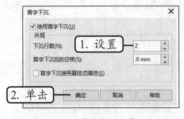

图 7-35　"首字下沉"对话框

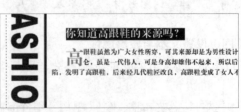

图 7-36　更该首字下沉颜色

（3）选择右侧文本框，选择【文本】/【栏】菜单命令，打开"栏设置"对话框，在"栏数"文本框中输入"2.0"，设置栏间宽度为10mm，单击 确定 按钮，分栏设置效果如图7-37所示。

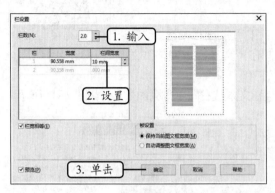

图7-37 分栏设置效果

（六）设置项目符号

　　下面为品牌名段落插入项目符号，其具体操作如下。

　　（1）删除品牌名段落前的序号文本，将文本插入点定位在品牌的品牌名前。选择【文本】/【项目符号】菜单命令，打开"项目符号"对话框，单击选中"使用项目符号"复选框，将字体设置为"Wingdings"，选择符号，将"到文本的项目符号"设置为1mm，如图7-38所示。单击 确定 按钮将其插入指定位置。

　　（2）使用相同的方法为其他品牌的品牌名设置该项目符号，效果如图7-39所示。

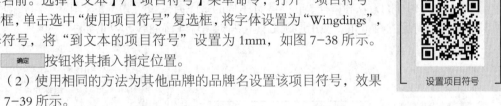

微课视频

设置项目符号

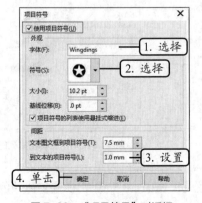
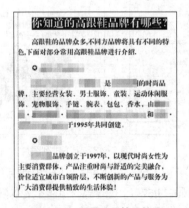

图7-38 "项目符号"对话框　　　　图7-39 设置项目符号效果

（七）设置文本绕图

下面导入素材图片，并为其设置文本绕图效果，其具体操作如下。

（1）导入"鞋 1.png"素材图片，选择图片，缩放至合适大小，如图 7-40 所示。

（2）单击属性栏中的"文本换行"按钮，在打开的面板中选择"轮廓图"栏中的"文本从右向左排列"选项，并在"文本换行偏移"文本框中输入"2.0mm"，如图 7-41 所示。

（3）使用形状工具编辑图片轮廓曲线，查看文本从右向左排列的效果，如图 7-42 所示。

图 7-40　导入素材图片　　　　图 7-41　设置文本排列　　　图 7-42　文本从右向左排列的效果

（4）导入"鞋 2.jpg""鞋 3.jpg"素材图片，分别调整至合适大小。选择"鞋 2.jpg"素材图片，单击属性栏中的"文本换行"按钮，在打开的面板中选择"正方形"栏中的"上 / 下"，将其移动至卓诗尼下方中间位置，效果如图 7-43 所示。

（5）使用相同的方法将"鞋 3.jpg"素材图片的绕图方式设置为"文本从左向右排列"，将其移动到卓诗尼的右下角，使用形状工具编辑图片轮廓曲线，效果如图 7-44 所示。

图 7-43　上下排列图片　　　　　　　　　图 7-44　文本从左向右排列的效果

（6）在页面的右下角绘制三角形与线条，将三角形填充为黑色，使用文本工具在其上输入页码"P57"，在属性栏中将文本格式设置为"Arial，8.5pt"，设置字体颜色为白色，如图 7-45 所示。完成本任务的制作，效果如图 7-46 所示。

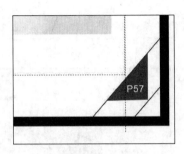

图 7-45 输入页码

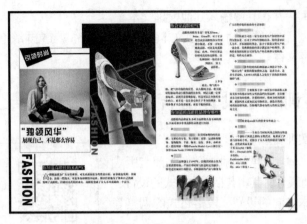

图 7-46 完成后的效果

实训一　制作饮料宣传单

【实训要求】

本实训要求对饮料宣传单进行设计，其中包括文本格式的设置、文本方向的设置、文本的拆分、文本的转曲等知识。

【实训思路】

根据实训要求，制作时可先导入图片，设计大致排版方式，然后输入文本并设置段落格式。本实训的参考效果如图 7-47 所示。

扫一扫

高清大图

素材所在位置　素材文件\项目七\实训一\果饮 .png
效果所在位置　效果文件\项目七\实训一\制作饮料宣传单 .cdr

图 7-47 饮料宣传单效果

【步骤提示】

（1）新建一个图形文件，然后将其保存为"制作饮料宣传单 .cdr"。

（2）双击矩形工具□创建一个与页面大小相同的矩形，填充为粉红色（R:226,G:153,B:157）。再使用钢笔工具⬥绘制一个三角形，填充为淡绿色（R:164,G:206,B:210），取消轮廓。

（3）导入"果饮 .png"素材文件，缩放其大小后放置在相应的位置。

（4）使用文本工具字输入"果饮"文本，设置字体为"方正华隶简体"，分别调整大小与位置。单击属性栏中的"将文本更改为垂直方向"按钮⬚，调整文本为竖排文本。

（5）选择矩形工具□，在"果饮"文本周围绘制白色矩形和矩形

微课视频

制作饮料宣传单

边框，并在其中输入其他横排文本。

（6）继续输入其他文本并设置文本格式与文本颜色，再绘制线条等装饰图形，完成后保存文件。

实训二 设计前言版式

【实训要求】

本实训要求对旅游杂志前言版式进行设计，其中包括文本格式的设置、文本方向的设置、段落格式的调整等知识。

扫一扫

高清大图

【实训思路】

根据实训要求，制作时可先导入图片，并设计大致排版方式，然后分别输入美术字文本与段落文本。本实训的参考效果如图 7-48 所示。

素材所在位置 素材文件 \ 项目二 \ 实训二 \ 风景 1.jpg、风景 2.jpg

效果所在位置 效果文件 \ 项目二 \ 实训二 \ 前言版式 .cdr

图 7-48 前言版式效果

【步骤提示】

（1）新建一个图形文件，然后将其保存为"前言版式 .cdr"。

（2）导入"风景 1.jpg""风景 2.jpg"素材文件，缩放其大小，然后将其放到相应位置。

（3）使用矩形工具 □ 绘制一个矩形，填充为蓝色（R:160,G:217, B:246）。然后使用文本工具 字 输入"旅行"文本，设置字体为"方正兰亭特黑"，填充为白色。

（4）绘制两个文本框，输入段落文本，设置文本格式，将第一段设置为横排文本，将第二段转换为竖排文本，在"文本属性"泊坞窗中设置行间距。

（5）继续使用文本工具 字 输入其他文本，设置相应的字体和颜色。完成后保存文件即可。

常见疑难解析

问：在 CorelDRAW 中，段落文本可以设置为沿路径排列吗？

答：可以。在 CorelDRAW 中段落文本和美术字文本都可以沿路径进行排列，其设置方法都一样。

问：在页面中输入了几行美术字文本，为什么不能设置其缩进呢？

答：缩进只针对段落文本，美术字文本不能设置缩进。

问：直接从字符列表中拖动需要的字符，也能将其添加到页面，使用这种方法添加的字符和插入的字符有区别吗？

答：有区别。直接从字符列表中拖动需要的字符将其添加到页面后，字符将成为一个图形，没有文本的属性，不能在属性栏中设置其字体和字号；而插入的字符则具有文本的属性。

问：为什么我在 CorelDRAW 中没有找到可以插入的字符图形？

答：在 CorelDRAW 中的"插入字符"泊坞窗中没有找到字符图形，可到网上下载图形，使用安装字体的方法将其安装到系统中，然后在"插入字符"泊坞窗中即可找到更加丰富的字符图形。

问：在 CorelDRAW 中对美术字文本和段落文本的输入有什么限制吗？

答：美术字文本和段落文本都有一定的容量限制，美术字文本允许创建不多于 32 000 字的文本对象；段落文本允许创建不多于 32 000 段，每段不多于 32 000 字的文本对象。

拓展知识

1. 应用文本样式

CorelDRAW 为用户提供了一些默认的文本样式，通过这些文本样式可以快速创建具有一定格式的文本。为文本应用样式的方法主要有以下两种。

● 选择需要设置样式的文本，选择【窗口】/【泊坞窗】/【对象样式】菜单命令，在打开的"对象样式"泊坞窗中双击需要应用的样式即可为文本应用样式。

● 在需要设置样式的文本上右击，在弹出的快捷菜单中选择【对象样式】/【应用样式】菜单命令，在弹出的子菜单中选择所需的命令也可以为文本应用样式。

除了可以应用 CorelDRAW 中已经存在的样式，用户也可在定义好文本样式后，将其保存在应用预设的文本样式中，方便以后调用。

自定义文本样式的方法为：在创建了样式的文本中右击，在弹出的快捷菜单中选择【对象样式】/【从以下项新建样式】菜单命令，在弹出的子菜单中选择"字符（段落）"命令，在打开的对话框中设置样式名称，单击 确定 按钮即可。

2. 字体的设计原则

在设计工作中，字体的设计是必不可少的，如标志设计、标题设计等。下面便对字体的设计原则进行介绍。

● **文本的适合性**：文本设计重要的一点在于要服从表述主题的要求，要与其内容吻合，不能相互脱离，更不能相互冲突，影响文本的诉求效果。

● **文本的可读性**：文本的主要功能是在视觉传达中向消费大众传达信息，而要达到此目的，必须考虑文本的整体诉求效果，给人以清晰的视觉印象。

● **文本的视觉美感**：文本在视觉传达中，作为画面的形象要素之一，具有传达感情的功能，因而它必须具有视觉上的美感。

● **文本设计的个性**：根据主题的要求，突出文本设计的个性色彩，创造出与众不同、独具特色的字体，给人以别开生面的视觉感受，将有利于树立企业和产品的良好形象。

3. 文本转曲

在设计工作中，经常会使用一些不常用的字体，为了使字体效果在其他没有安装该字体的计算机上正常显示，在制作完成后可按【Ctrl+Q】组合键将文本转换为曲线。

课后练习

（1）根据前面所学知识和你的理解，制作折页宣传单中的一页。进行此练习首先需要新建图形文件；然后设计页面版面，并导入文本，为其设置文本格式；最后通过转曲文本设计文本效果。完成后的效果如图 7-49 所示。

图 7-49　折页宣传单效果

素材所在位置　素材文件\项目七\课后练习\图 1.jpg、图 2.jpg、文本 .txt、
　　　　　　　　竹子 .ai、背景 .psd
效果所在位置　效果文件\项目七\课后练习\折页宣传单 .cdr

（2）根据前面所学知识和你的理解，利用文本工具字制作一个水果店宣传单。完成后的效果如图 7-50 所示。

图 7-50　水果店宣传单效果

素材所在位置　素材文件\项目七\课后练习\水果 1.png、水果 2.jpg
效果所在位置　效果文件\项目七\课后练习\水果店宣传单 .cdr

项目八
特殊效果应用

情景导入

米拉想在 CorelDRAW 中为对象创建透明效果，于是向老洪请教。老洪告诉他，这需要使用透明度工具。在 CorelDRAW 中，透明度工具除了可以创建透明效果，还可以创建立体化、轮廓图等多种效果。这些特殊效果主要是利用效果工具组中的工具来创建的，包括封套、变形、透镜等效果。

学习目标

● 掌握商场促销海报的制作方法
　　如创建轮廓图效果、创建立体化效果、创建阴影效果、添加花纹修饰的方法。

● 掌握足球友谊赛海报的制作方法
　　如创建辐射透明背景、使用透镜制作足球、创建线性渐变透明效果、创建封套和轮廓图效果的方法。

● 掌握啤酒瓶的设计方法
　　如制作瓶身、应用斜角效果、使用变形工具、创建路径调和效果、添加透视效果的方法。

素质目标

培养图形特效设计兴趣，培养勇于尝试、不断创新的精神。

案例展示

▲制作足球友谊赛海报

▲设计啤酒瓶

任务一　制作商场促销海报

商场促销海报主要用于商场开展新品上市宣传、活动策划宣传等。在 CorelDRAW X8 中制作这类海报时，要写清具体活动内容和相关提示等信息。

一、任务目标

本任务将练习用 CorelDRAW X8 制作商场促销海报，在制作时可以先新建文档，然后导入海报背景，再使用相关工具制作海报文本效果，最后为海报添加花纹等。通过本任务的学习，读者可以掌握图形裁剪、轮廓图效果、立体化效果、阴影效果的制作方法。本任务制作完成后的最终效果如图 8-1 所示。

图 8-1　商场促销海报效果

素材所在位置　素材文件 \ 项目八 \ 任务一 \ 背景 .jpg、花纹 .cdr
效果所在位置　效果文件 \ 项目八 \ 任务一 \ 商场促销海报 .cdr

二、相关知识

在制作商场促销海报之前，首先需要对相关的操作知识有所了解。下面主要对轮廓图工具▣、立体化工具▨、阴影工具▢进行介绍。

（一）轮廓图工具

使用轮廓图工具▣可以方便地对图形进行轮廓化操作，即为图形对象添加一层轮廓。选择需要轮廓化的图形，按住调和工具▨，在打开的列表中选择轮廓图工具，切换到轮廓图工具▣，在属性栏中设置轮廓图的相关属性，此时所选择的图形对象会被轮廓化。

创建完成后还可以通过图 8-2 所示的轮廓图工具属性栏对其进行修改，包括轮廓图方向、轮廓图步长、轮廓图偏移、轮廓色等。

预设......　▼　＋　－　X: -6.899 mm　205.086 mm　□□□　↲2　26.197 mr □ □ ⚙ █▼ ◇█▼ █▼ □ 🖽 ✕

图 8-2　轮廓图工具属性栏

轮廓图工具属性栏中各部分含义如下。

- 预设... ▼ **下拉列表框**：可以选择 CorelDRAW 自带的轮廓样式。
- **＋按钮和 — 按钮**：对于创建的图形轮廓图效果，单击＋按钮 ，将打开"另存为"对话框，在该对话框中可对创建后的轮廓图效果进行保存。单击 — 按钮，可以删除该预设。
- **按钮、 按钮、 按钮**：单击相关按钮，可分别向中心、向内和向外轮廓化图形。
- ⤴5 ⤵ **文本框**：在文本框中输入数值可设置轮廓图的步数。
- 6.858 mm ⤴ **文本框**：在文本框中输入数值可设置轮廓图的偏移量。
- 回 **按钮和 回 按钮**：单击相关按钮，可分别选择线形轮廓图颜色方式、顺时针的颜色方式、逆时针的颜色方式。
- ▮□▼ **下拉列表框**：可设置轮廓图的轮廓色。
- ◆■▼ **下拉列表框**：可设置轮廓图的填充色。
- ▒ **按钮**：单击该按钮，将清除轮廓图效果。
- ▣ **按钮**：单击该按钮，在弹出的面板中可以调整轮廓中对象大小和颜色变化的频率。

（二）立体化工具

选择工具箱中的立体化工具▣后，可以通过图形的形状向设置的消失点延伸，从而使二维图形产生逼真的三维立体效果。

选择工具箱中的立体化工具▣，在需要添加立体化效果的图形上单击将其选中，然后拖动鼠标创建立体化效果。为图形对象创建立体化效果后，可以根据需要在图 8-3 所示的立体化工具属性栏中设置立体化的效果类型、深度、灭点、坐标、方向、斜角、颜色、照明等。

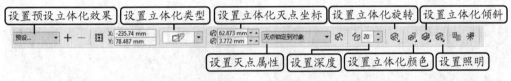

图 8-3　立体化工具属性栏

图形立体化的灭点是指图形立体化效果的透视消失点，创建的立体化图形中都有立体化灭点图标 。在属性栏中"灭点属性"下拉列表框中有几个选项，其中各选项的含义如下。

- **灭点锁定到对象**：可将立体化对象的灭点锁定到物体上。
- **灭点锁定到页面**：可将立体化对象的灭点锁定到页面上，灭点不会随物体位置的移动而移动，物体移动，立体化效果也会发生相应变化。
- **复制灭点，自…**：可在多个立体化对象之间复制灭点。
- **共享灭点**：可使多个立体化对象共用一个灭点，即所有立体化对象只有一个灭点。

（三）阴影工具

使用阴影工具▣可以为图形添加阴影效果，使图形看起来更具有立体感。使用阴影工具▣选择需要创建阴影的图形，然后在图形上合适的位置按住鼠标左键拖动鼠标，到达所需位置后释放鼠标。为图形对象添加阴影效果后，可以通过图 8-4 所示的阴影工具属性栏设置阴影的透明度、羽化、明暗程度等。如果对阴影效果不满意，还可将其清除。其中各部分的含义如下。

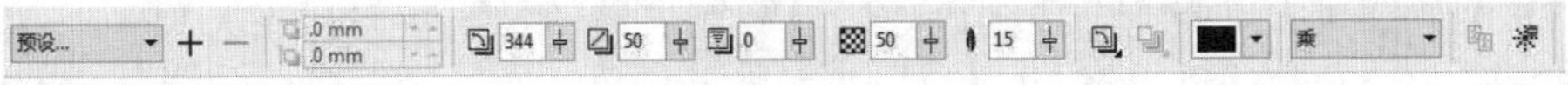

| 预设... ▼ ＋ — | .0 mm / .0 mm | 344 | 50 | 0 | 50 | 15 | ■▼ | 乘 ▼ |

图 8-4　阴影工具属性栏

- 预设... ▾ **下拉列表框**：在该下拉列表框中可选择 CorelDRAW 中自带的阴影样式。
- **"阴影角度"文本框** ⊡ 344 ⊕：在该文本框中可设置阴影的角度。
- **"阴影延展"文本框** ⊡ 50 ⊕：在该文本框中可调整阴影的长度。
- **"阴影淡出"文本框** ⊡ 0 ⊕：在该文本框中可调整阴影边缘的淡出程度。
- **"阴影的不透明度"文本框** ⊞ 50 ⊕：在该文本框中可设置阴影的透明度。
- **"阴影羽化"文本框** ◀ 15 ⊕：在该文本框中可设置阴影的边缘羽化程度。
- **"羽化方向"按钮** ⊡：单击该按钮，在打开的面板中可设置阴影的羽化方向。
- 常规 ▾ **下拉列表框**：在该下拉列表框中可选择阴影透明度的相应操作。
- ■ ▾ **下拉列表框**：在该下拉列表框中可设置阴影的颜色。
- **"复制阴影效果属性"按钮** ⊡：单击该按钮，可以将一个图形的阴影效果复制到另一个图形上。
- **"清除阴影"按钮** ✳：单击该按钮，可清除图形的阴影效果。

三、任务实施

（一）创建轮廓图效果

微课视频
创建轮廓图效果

下面为文本创建轮廓图效果，以得到加粗文本的效果，其具体操作如下。

（1）新建横向文件，导入"背景.jpg"素材图像，调整到合适的大小与位置，如图 8-5 所示。

（2）使用文本工具 字 输入文本"绿意盎然"，在属性栏中将字体格式设置为"汉仪中宋简，135pt"，如图 8-6 所示。

图 8-5　导入素材图像

图 8-6　输入文本

（3）选择文本，按【Ctrl+K】组合键将其拆分为单个文本，再对文本进行倾斜操作，并调整大小与排列位置。

（4）按【Ctrl+Q】组合键将文本转曲，使用形状工具 ⬚ 和涂抹工具 ⬚ 编辑文本的轮廓，得到图 8-7 所示的效果。编辑完成后框选所有文本，在属性栏中单击"合并"按钮 ⬚，合并文本。

（5）选择轮廓图工具 ⬚，在属性栏中单击"外部轮廓"按钮 ⬚，从文本中心向边缘拖动创建轮廓图效果。在属性栏中将"轮廓图步长"设置为 1，将"轮廓图偏移"设置为 2.5mm，将文本填充为白色，便于查看轮廓效果，如图 8-8 所示。

图 8-7　编辑文本轮廓的效果

图 8-8　创建轮廓图和填充文本的效果

多学一招　　**通过泊坞窗修改轮廓图**

　　按【Crtl+F9】组合键，或选择【窗口】/【泊坞窗】/【效果】/【轮廓图】菜单命令，打开"轮廓图"泊坞窗。使用轮廓图工具选择已经添加了轮廓图效果的图形对象，然后分别单击泊坞窗中的按钮，在其中设置好相关参数后，单击 应用 按钮即可修改轮廓图效果。

　　（6）使用轮廓图工具▣选择文本，在轮廓上按【Ctrl+K】组合键或右击，在弹出的快捷菜单中选择"拆分轮廓图群组"命令，拆分轮廓文本与原文本，删除原文本，得到加粗文本的效果，如图 8-9 所示。

　　（7）选择轮廓图工具▣，在属性栏中单击"外部轮廓"按钮▣，从文本中心向边缘拖动鼠标创建轮廓图效果。在属性栏中将"轮廓图步长"设置为1，将"轮廓图偏移"设置为3mm，将文本填充为白色，效果如图 8-10 所示。

图 8-9　加粗文本的效果

图 8-10　通过轮廓图创建轮廓的效果

多学一招　　**设置轮廓偏移距离**

　　当需要创建多个轮廓图时，若要各个轮廓图的偏移间距相等，可在轮廓图工具的"步长"文本框中进行设置。

（二）创建立体化效果

　　下面为文本创建立体化效果，其具体操作如下。

　　（1）选择文本图形，按【Ctrl+K】组合键拆分轮廓图，然后选择上层的文本图形，使用交互式填充工具◑为其创建渐变填充效果，分别为白色、白色、绿色（C:20,M:0,Y:60,K:0）、黄色（C:0,M:0,Y:100,K:0）、

微课视频

创建立体化效果

橘黄色（C:0,M:60,Y:100,K:0），如图 8-11 所示。

（2）选择底层的文本图形，填充为绿色（R:140,G:222,B:48），如图 8-12 所示。

图 8-11 创建渐变填充效果　　　　　　　　　　图 8-12 填充文本

（3）选择底层的文本图形，然后选择工具箱中的立体化工具 ，此时鼠标指针变为 形状，将其移至文本中心，按住鼠标左键并向左下方拖动鼠标，在合适的位置释放鼠标，拖动控制线中间的滑块调整立体化效果，如图 8-13 所示。

（4）选择立体化图形，在立体化工具属性栏中单击"立体化颜色"按钮 ，在打开的面板中单击"使用递减的颜色"按钮 ，分别设置"从"与"到"的颜色值为"C:78,M:28,Y:100,K:0""C:90,M:74,Y:97,K:69"，如图 8-14 所示。

图 8-13 创建立体化效果　　　　　　　　　　图 8-14 设置立体化颜色

（5）选择上层的文本图形，然后选择工具箱中的立体化工具 ，将其移至文本中心，按住鼠标左键并向左下方拖动鼠标，在合适的位置释放鼠标。

（6）在立体化工具属性栏的"深度"文本框中输入"1"，单击"立体化颜色"按钮 ，在打开的面板中单击"使用纯色"按钮 ，在第一个颜色下拉列表框中设置颜色值为"C:20,M:0,Y:60,K:0"，如图 8-15 所示。

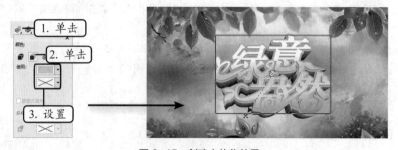

图 8-15 创建立体化效果

（三）创建阴影效果

下面为文本创建阴影效果，以突出立体化效果，其具体操作如下。

（1）选择上层的文本图形，选择工具箱中的阴影工具 ，鼠标指针变为 形状，按住

【Ctrl】键使用鼠标从图形中间位置向右拖动，到一定位置后释放鼠标和按键，创建阴影效果，如图 8-16 所示。

（2）在属性栏中的"阴影的不透明度"和"阴影羽化"文本框中分别输入"50"和"5"，按【Enter】键应用设置，调整后的效果如图 8-17 所示。

图 8-16　创建阴影效果

图 8-17　调整阴影效果

（3）框选文本图形，按住【Ctrl+G】组合键进行群组。选择工具箱中的阴影工具 ，使用鼠标从图形中间位置向右拖动，到一定位置后释放鼠标，创建阴影效果，如图 8-18 所示。

（4）在属性栏中分别设置"阴影的不透明度"和"阴影颜色"为 60 和白色，在"合并模式"下拉列表中选择"叠加"选项，调整后的效果如图 8-19 所示。

图 8-18　创建阴影效果

图 8-19　调整叠加阴影效果

（5）选择椭圆形工具 ，按住【Ctrl】键绘制正圆形。选择阴影工具 ，使用鼠标从图形中间位置向右下方拖动创建阴影效果。选择正圆形，按【Ctrl+K】组合键拆分阴影，选择阴影与正圆形，在属性栏中单击"移除前面对象"按钮 ，得到图 8-20 所示的月牙阴影图形。

（6）将裁剪的阴影移动至文本外围，效果如图 8-21 所示。

图 8-20　创建与裁剪正圆形

图 8-21　调整阴影图形位置的效果

（四）添加花纹修饰

下面将添加花纹修饰整体画面，其具体操作如下。

（1）复制"花纹 .cdr"文件中的花纹与昆虫图案，调整其大小与位置，并进行群组操作。

（2）在其上右击，在弹出的快捷菜单中选择【顺序】/【置于此对象后】命令，单击文本图形，将其放到文本图形下面，如图 8-22 所示。

（3）使用文本工具 在文本图形下方输入文本，设置文本字体为"微软雅黑"，文本颜色为白色（M:2,Y:20），调整文本大小，效果如图 8-23 所示。

微课视频
添加花纹修饰

图 8-22　调整对象顺序

图 8-23　输入文本

任务二　制作足球友谊赛海报

比赛海报主要用于各类比赛活动的宣传，需要体现出比赛精神风貌，展示活动场面等。本任务制作的足球友谊赛海报要求能够引人注目，且创意十足。

一、任务目标

本任务将使用 CorelDRAM 中的透明度工具 、封套工具 、透镜制作足球友谊赛海报。制作时先创建背景效果，然后对足球进行绘制，再合成足球与火焰，最后添加封套文本，完成本任务的制作。通过本任务的学习，读者可以掌握透明度工具 、封套工具 等的使用方法。本任务制作完成后的最终效果如图 8-24 所示。

扫一扫
高清大图

图 8-24　足球友谊赛海报效果

素材所在位置　素材文件 \ 项目八 \ 任务二 \ 建筑 .png、火焰 .png
效果所在位置　效果文件 \ 项目八 \ 任务二 \ 足球友谊赛海报 .cdr

二、相关知识

在进行本任务的制作时将涉及透明度工具 、封套工具 、透镜的使用，下面进行简单介绍。

（一）透明度工具

使用 CorelDRAW X8 中的透明度工具 ▦ 可以创建图形的透明效果，制作出如同隔着透明物体看其后景象的效果。创建透明效果的方法为：在透明度工具属性栏中的"透明度类型"下拉列表框中选择所需的透明类型，再在图形上拖动鼠标创建所需的透明效果。

在创建不同类型的透明效果时，其属性栏中的相关参数也不相同，其中线性、射线、圆锥、方角透明类型的属性栏相似。下面以标准透明效果为例，讲解其属性栏中各参数的含义，用户可以根据各参数的含义调整透明效果。透明度工具属性栏如图 8-25 所示。

图 8-25 透明度工具属性栏

- ▦ ▦ ▦ ▦ ▦ ▦ 按钮：在该组按钮中可选择所创建透明度的类型，依次为无透明度、均匀透明度、渐变透明度、向量图样透明度、位图图样透明度、双色图样透明度。图 8-26 所示分别为均匀透明度、渐变、双色图样透明效果。

图 8-26 标准、渐变、双色图样透明效果

- 常规 ▾ 下拉列表框：在该下拉列表框中可选择透明度的颜色显示方式，可以给图形应用不同的透明样式，包括正常、叠加、屏幕、减淡、加强、变亮等。合理设置叠加、屏幕等方式时，可得到图像的合成效果。图 8-27 所示为叠加透明效果。

图 8-27 叠加透明效果

- **"节点透明度"文本框** ▦ 50 ▯：在该文本框中输入数值，可设置透明度中心的数值，也可直接拖动其前面的滑块进行设置。
- ▦ ▦ ▦ 按钮：在该组按钮中可选择将透明度应用于图形的填充、轮廓或全部。
- **"冻结透明度"按钮** ❋：单击该按钮，可将透明效果冻结，并且透明效果不会随图形的编辑而变化。
- **"复制透明度"按钮** ▤：单击该按钮，可将一个图形的透明效果复制到另一个图形上。
- **"清除透明度"按钮** ❋：单击该按钮，可清除图形的透明效果。

（二）封套工具

封套是通过改变对象节点和控制点来改变图形基本形状的方法，它可以使对象整体形状随着封套外形的变化而变化。使用封套工具 ⊠ 单击需要创建封套的图形，然后在图 8-28 所示的封套工具属性栏中选择需要的封套模式，再移动所需的节点完成封套操作。封套模式包括直线模式、单弧模式、双弧模式、非强制模式。属性栏中各部分的含义如下。

图 8-28　封套工具属性栏

- **"直线模式"按钮** ⊏：单击该按钮，移动封套控制点时，可以保持封套的边线为直线，即每个所选节点都只能水平或垂直移动位置，封套的边缘始终保持直线状态，如图 8-29 所示。
- **"单弧模式"按钮** ⊐：单击该按钮，将鼠标指针移到需要移动的节点上，按住鼠标左键拖动鼠标即可将图形的一边创建为弧形效果，使对象呈现为凹面结构或凸面结构的外观，如图 8-30 所示。
- **"双弧模式"按钮** ⊐：单击该按钮，移动需要调节的节点，可以将图形创建为一边或多边带 S 形的封套，同时可为封套添加一个弧形封套，如图 8-31 所示。

图 8-29　直线模式 　　　　　图 8-30　单弧模式　　　　　图 8-31　双弧模式

- **"非强制模式"按钮** ✐：单击该按钮，可创建非强制封套，可以随意地修改每个节点的性质和类型。
- **"添加新封套"按钮** ⊡：单击该按钮后，可在现有的封套效果上创建新的封套效果。
- **"复制封套属性"按钮** ⧉：使用封套工具 ⊠ 选择需要复制封套效果的对象，单击该按钮，然后在创建了封套效果的对象上单击，可将封套效果复制到所选对象上。
- **"清除封套"按钮** ⁕：单击该按钮，可清除图形的封套效果。

多学一招　　清除全部封套

　　添加封套后，每次只能清除最近一次的封套效果，如果需要全部清除，则需要重复清除封套效果的操作。

（三）透镜

CorelDRAW 中提供的透镜类型有很多种，选择【效果】/【透镜】菜单命令，将打开"透镜"泊坞窗，将需要使用透镜查看的对象放到透镜图形的下方，选择透镜图形，在泊坞窗中直接选择所需的透镜效果，如图 8-32 所示。

图 8-32　应用放大透镜效果

在泊坞窗的下拉列表框中有 11 种透镜效果，下面分别对其进行介绍。

● **变亮**：将对象的颜色变亮，输入负值后按【Enter】键可将对象的颜色变暗。

● **颜色添加**：将对象的颜色添加至透镜的颜色中，使其与透镜的颜色相混合。

● **色彩限度**：只显示黑色和透镜的颜色，其他的浅色则为透镜的颜色。

● **自定义彩色图**：将对象颜色设置为两种颜色间过渡色，还可以设置起始颜色和显示方式。

● **鱼眼**：使透镜下面的对象显示凸透镜效果，与摄影中的鱼眼镜头拍摄的效果类似。

● **热图**：使对象显示类似红外线的效果，在泊坞窗的"调色板旋转"文本框中可以设置颜色从冷色到暖色。

● **反转**：使对象以其颜色的补色来显示，类似摄影中的负片效果。

● **放大**：使对象产生类似放大镜的效果，输入负值后按【Enter】键可缩小透镜区域。

● **灰度浓淡**：使对象以接近原色一半的颜色值显示。

● **透明度**：使透镜下面对象的透明度增强，呈现透明效果。

● **线框**：对象将会显示透镜的填充颜色和轮廓颜色。

三、任务实施

（一）创建辐射透明背景

下面将为背景制作一组辐射图形，并为其应用透明效果，其具体操作如下。

微课视频

创建辐射透明背景

（1）新建一个文件，将其保存为"足球友谊赛海报 .cdr"。选择矩形工具▢绘制一个大小为 287mm×382mm 的矩形，填充为绿色（R:0,G:155,B:76），取消轮廓。

（2）选择钢笔工具✎，在页面中绘制一个三角形，填充为淡绿色（R:150,G:204,B:140），取消轮廓，效果如图 8-33 所示。

（3）选择三角形，再次单击三角形，将旋转基点移至尖角处，在图形外侧按住鼠标左键向右旋转三角形至合适角度，如图 8-34 所示。在不释放鼠标的同时右击复制三角形，如图 8-35 所示。

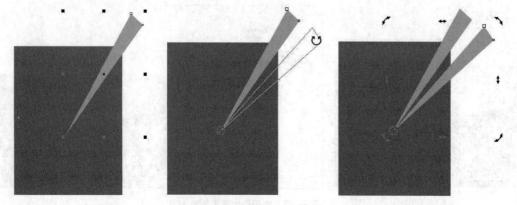

图 8-33　绘制三角形　　　　图 8-34　旋转三角形　　　　图 8-35　复制三角形

（4）在上一步骤操作的基础上连续按【Ctrl+D】组合键重复旋转与复制的操作，直到产生旋转一圈的效果，然后选择所有三角形，按【Ctrl+L】组合键合并所有三角形，效果如图 8-36 所示。

（5）选择透明度工具▩，在属性栏中选择"透明类型"为"椭圆形渐变透明度"，从中心向边缘拖动鼠标创建渐变透明效果，调整渐变透明圆的大小，如图 8-37 所示。

图 8-36　连续复制与合并三角形　　　　　图 8-37　创建渐变透明效果

（6）选择【对象】/【PowerClip】/【置于图文框内部】菜单命令，将三角形放到矩形中，如图 8-38 所示。

（7）导入"建筑 .png"文件，调整其大小与位置，放到画面下方，如图 8-39 所示。

图 8-38　将三角形放到矩形中　　　　　图 8-39　导入文件

（二）使用透镜制作足球

下面将使用鱼眼透镜制作足球，其具体操作如下。

（1）选择多边形工具 ⬡，按住【Ctrl】键绘制一个正六边形。选择【编辑】/【步长和重复】菜单命令，打开"步长和重复"泊坞窗，设置水平"对象之间的间距"为"0mm"，方向为"右"，份数为"4"，垂直无偏移，单击 [____应用____] 按钮，如图 8-40 所示。

微课视频

使用透镜制作足球

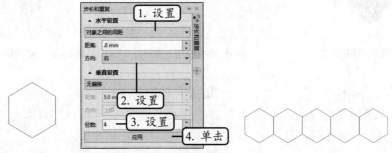

图 8-40　设置步长与重复六边形

（2）直接复制并偏移六边形，将其排列成图 8-41 所示的效果。

（3）将部分六边形填充为黑色，如图 8-42 所示。框选六边形，按【Ctrl+G】组合键群组六边形。

（4）选择椭圆形工具 ◯，按住【Ctrl】键绘制一个正圆形。使用交互式填充工具 ◇ 为其创建渐变填充效果，在属性栏中将渐变方式设置为"椭圆形渐变填充"，将渐变中心移至右上角位置，调整渐变填充圆的大小，双击半径控制虚线，添加并选择颜色控制点，分别进行颜色填充，效果如图 8-43 所示。

图 8-41　排列六边形

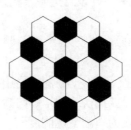

图 8-42　填充六边形

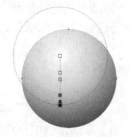

图 8-43　创建辐射渐变填充效果

（5）选择正圆形，调整其大小，将其置于六边形下方。复制正圆形，置于六边形上方，使其与底部的正圆形重叠，取消填充，将轮廓宽度设置为 0.5mm，轮廓颜色设置为灰色，如图 8-44 所示。

（6）选择【效果】/【透镜】菜单命令或按【Alt+F3】组合键，打开"透镜"泊坞窗，选择透镜类型为"鱼眼"，单击选中"冻结"复选框，如图 8-45 所示。

（7）得到透镜效果后，删除六边形和正圆形。按【F12】键，打开"轮廓笔"对话框，设置轮廓宽度为 0.5mm，轮廓颜色为灰色，将其移至背景中，效果如图 8-46 所示。

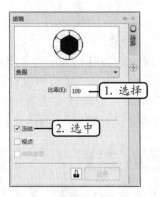

1. 选择

2. 选中

图 8-44　排列透镜与内容　　　　图 8-45　应用鱼眼透镜　　　　图 8-46　应用鱼眼透镜后的效果

多学一招　**"透镜"泊坞窗**

　　无论选择哪种透镜类型，其"透镜"泊坞窗中都包括"冻结""视点""移除表面"3个复选框，其含义分别如下。

　　①"冻结"复选框：选中该复选框，可将透镜中的当前效果锁定，使其不受其他操作的影响。

　　②"视点"复选框：选中该复选框后，单击其右侧的 编辑 按钮，可以在不移动对象或透镜的情况下改变透镜的显示区域。

　　③"移除表面"复选框：选中该复选框，只能在透镜下的对象区域中显示执行的效果。

（三）创建线性渐变透明效果

　　下面通过创建线性渐变透明效果，并设置透明方式，来合成足球、火焰与背景，其具体操作如下。

　　（1）导入"火焰.jpg"素材图像，调整大小，将其移至足球上方，如图 8-47 所示。

　　（2）选择火焰图片，选择透明度工具图，在属性栏中将"合并模式"设置为"屏幕"，得到隐藏背景颜色与下层图形融合的火焰效果，如图 8-48 所示。

　　（3）在属性栏中设置透明方式为"渐变透明度"，在图片上拖动鼠标创建线性渐变透明效果，如图 8-49 所示。

微课视频

创建线性渐变透明效果

图 8-47　导入素材图像　　　　图 8-48　火焰效果　　　　图 8-49　创建线性渐变透明效果

（四）创建封套和轮廓图效果

通过创建封套可以快速造型图形边缘，得到变形效果，而使用轮廓图工具◻可以快速得到图形外轮廓，其具体操作如下。

微课视频

创建封套和轮廓图
效果

（1）使用文本工具🅰输入文本"同城德比"，设置字体为"方正卡通简体"，填充为绿色（R:8,G:116,B:68），使用形状工具🅟，调整字间距，如图 8-50 所示。

（2）选择工具箱中的封套工具🅧，此时图形将出现边缘线和控制点，单击选中左侧边缘线中间的控制点，按住鼠标左键拖动鼠标，调整轮廓，得到图 8-51 所示的效果。

（3）选择工具箱中的轮廓图工具◻，使用鼠标在文本上拖动创建轮廓图效果，然后单击属性栏中的"外部轮廓"按钮，将轮廓方向设为向外，在"轮廓图步长"文本框中输入"2"，在"轮廓图偏移"文本框中输入"1.5mm"，设置填充色和轮廓色，效果如图 8-52 所示。

图 8-50 输入文本　　　　图 8-51 添加封套　　　　图 8-52 创建轮廓图效果

（4）输入英文文本"City peer"，设置字体为"Berlin Sans FB"，如图 8-53 所示。

（5）选择英文文本，使用封套工具🅧，单击属性栏中的"复制封套属性"按钮，然后单击中文文本，复制封套属性，如图 8-54 所示。

（6）选择轮廓图工具◻，单击属性栏中的"复制轮廓图属性"按钮，然后单击中文文本，复制轮廓图属性，如图 8-55 所示。

图 8-53 输入文本　　　　图 8-54 复制封套属性　　　　图 8-55 复制轮廓图属性

（7）选择文本工具🅰，在画面左上方输入两行竖排文本，在属性栏中设置字体为"方正准圆简体"，填充为绿色（R:17,G:97,B:62），适当调整文本大小，如图 8-56 所示。

（8）选择文本工具🅰，在画面左上方输入一段英文文本，在属性栏中设置字体为"Baskerville Old Face"，填充为绿色（R:17,G:97,B:62），完成效果如图 8-57 所示。完成本任务的制作。

图 8-56　输入文本

图 8-57　完成效果

任务三　设计啤酒瓶

啤酒瓶的设计是啤酒包装中重要的设计环节，啤酒瓶的设计重点在于标签的设计，要求标签能够引人注目，且文字信息展示到位。

一、任务目标

本任务将使用 CorelDRAM 中的斜角、变形工具、调和工具、透视效果等设计啤酒瓶。设计时先制作瓶身，再对标签中的文本进行斜角处理，最后制作变形图形、调和图形并添加透视效果，完成本任务的制作。通过本任务的学习，读者可以掌握调和工具、阴影工具等的使用方法。本任务制作完成后的最终效果如图 8-58 所示。

扫一扫

高清大图

图 8-58　啤酒瓶效果

素材所在位置　素材文件 \ 项目八 \ 任务三 \ 城堡 .cdr、风景 .jpg
效果所在位置　效果文件 \ 项目八 \ 任务三 \ 啤酒瓶 .cdr

二、相关知识

本任务的制作将涉及斜角、变形工具、调和工具、透视效果等。下面进行简单介绍。

（一）斜角

为图形添加斜角效果，可以创造出柔和边缘和浮雕效果。选择【效果】/【斜角】菜单命令，打开"斜角"泊坞窗，在其中可对样式、斜角偏移、阴影颜色、光源颜色、强度、方向、高度进行设置，如图 8-59 所示。下面对其中的主要参数进行介绍。

● **样式：**在该下拉列表框中可选择柔和边缘和浮雕两种斜角样式，柔和边缘效果如图 8-60 所示，浮雕效果如图 8-61 所示。

- **"到中心"单选项**：选中该单选项，可从对象中心开始进行柔和边缘处理，效果如图8-62所示。
- **"距离"单选项**：选中该单选项，可通过设置斜角的偏移对图形边缘进行柔和处理。

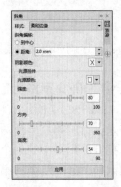   

图8-59 "斜角"泊坞窗 　图8-60 柔和边缘效果 　图8-61 浮雕效果 　图8-62 到中心效果

（二）变形工具

使用变形工具 可以对图形进行变形，从而形成一些特殊的效果。变形包括推拉变形、拉链变形、扭曲变形3种方式，下面分别进行介绍。

- **推拉变形**：通过将图形向不同的方向拖动，从而将图形边缘推进或拉出。选择图形，选择工具箱中的变形工具 ，单击属性栏中的"推拉变形"按钮，再将鼠标指针移到选择的图形上，按住鼠标左键拖动鼠标（向左拖动表示"推"，可得到尖角效果；向右拖动表示"拉"，可得到圆滑的曲线效果），到合适位置后释放鼠标完成变形操作，如图8-63所示。
- **拉链变形**：拉链变形能够在图形的内侧和外侧产生节点，创建出齿轮状的轮廓。拉链变形包括随机变形、平滑变形、局部变形3种方式。其操作方法同推拉变形的操作方法一致，效果如图8-64所示。
- **扭曲变形**：扭曲变形可以使图形围绕一点旋转，产生类似螺旋形的效果。同样是使用变形工具 ，单击属性栏中的"扭曲变形"按钮，然后将鼠标指针移到图形上单击确定变形的中心，接着拖动鼠标绕变形中心旋转，产生一定效果后释放鼠标即可，如图8-65所示。

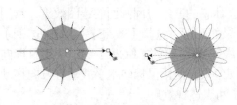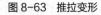 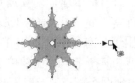

图8-63 推拉变形 　　　　　图8-64 拉链变形 　　　　图8-65 扭曲变形

（三）调和工具

调和又称渐变或融合，是把图形通过一定方式变成另外一种图形的平滑过渡效果，在两个图形之间会生成一系列的中间过渡对象。调和只能对矢量图产生效果，对位图是不能产生效果的，其中包括形状和颜色轮廓的调和。

选择工具箱中的调和工具 ▣ 后，其属性栏如图 8-66 所示。在属性栏中用户可以根据需要设置调和方向，自定义调和方式，修改调和步数、加速、路径、偏移量等属性。

| 预设... | + | — | X: -182.793 mm Y: 83.382 mm | 191.613 mm 95.058 mm | 20 10.0 mm | .0 |

图 8-66　调和工具属性栏

CorelDRAW 中的调和方式包括直线调和、手绘调和、路径调和、复合调和等，在实际运用中可以根据需要来确定调和方式。

- **直线调和**：变形的图形沿直线变化。它是一种使用调和工具 ▣ 在图形之间拖动而成的调和方式，可以使用调和工具 ▣ 和"调和"泊坞窗来实现，如图 8-67 所示。
- **手绘调和**：手绘调和是指图形之间沿鼠标拖动时绘制的轨迹来进行调和。选择两个不同颜色的图形，选择调和工具 ▣，按住【Alt】键，将鼠标指针移到其中的一个图形上，当其变为 ▣ 形状时按住鼠标左键随意拖动鼠标，绘制调和图形的路径到第二个图形上后释放鼠标，即可完成手绘调和的操作，如图 8-68 所示。
- **路径调和**：路径调和是指图形沿着指定的路径进行调和，包括沿手绘线调和与沿路径调和，其中路径可以是图形、文本、符号、线条等。其方法是：任意绘制一条路径，然后选择已经创建好的调和对象，单击属性栏中的"路径属性"按钮，在打开的下拉列表中选择"新路径"选项，将鼠标指针移到绘图区中，此时，鼠标指针变为 ▣ 形状，单击绘制的路径即可完成路径调和（也可将调和对象右键拖至路径上，释放鼠标，在弹出的快捷菜单中选择"使调和合适路径"命令），如图 8-69 所示。
- **复合调和**：复合调合是指两个以上的图形相互创建的调和，这样可以生成系列调和。其方法是：创建两个图形之间的调和后，再选择其中一个原始图与任意其他图形创建调和，即可形成复合调和，如图 8-70 所示。

图 8-67　直线调和　　图 8-68　手绘调和　　图 8-69　路径调和　　图 8-70　复合调和

（四）透视效果

透视效果是一种将二维空间的画面转换成具有立体感的三维空间画面的绘图效果，常用于包装设计、效果图制作等。选择需要创建透视效果的图形，选择【效果】/【添加透视】菜单命令，图形周围会出现具有 4 个节点的红色虚线网格框。按住【Ctrl】键，使用鼠标向水平或垂直方向拖动其中的某个节点，创建单点透视效果；使用鼠标向水平或垂直方向拖动任意一个节点，图形将出现两个灭点，此时即创建了两点透视效果。

- **单点透视**：只改变对象的一条边的长度，使对象看起来像沿着视图的一个方向后退，适合表现严肃、庄重的空间效果，如图 8-71 所示。
- **两点透视**：可以改变对象的两条边的长度，从而使对象看起来像沿着视图的两个方向后退，适合表现活泼、自由的空间效果，如图 8-72 所示。

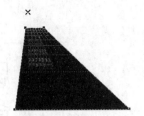

图 8-71　单点透视

图 8-72　两点透视

三、任务实施

（一）制作瓶身

下面将使用交互式填充工具◇与透明度工具▨制作瓶身，其具体操作如下。

（1）新建文件，将其保存为"啤酒瓶 .cdr"。使用钢笔工具◊绘制啤酒瓶轮廓，使用交互式填充工具◇为其创建线性渐变填充效果，如图 8-73 所示。

（2）取消啤酒瓶轮廓。绘制高光图形，取消轮廓，填充为白色，使用透明度工具▨为其创建标准透明效果，如图 8-74 所示。

微课视频

制作瓶身

图 8-73　绘制与填充啤酒瓶

图 8-74　绘制与填充高光图形

（3）使用矩形工具□绘制矩形，取消轮廓，填充为米色（R:223,G:212,B:195）。选择矩形，并选择封套工具▨，在属性栏中单击"单弧模式"按钮⌐，拖动中间的控制点编辑封套效果，如图 8-75 所示。

（4）使用椭圆形工具○绘制椭圆形，取消轮廓，使用交互式填充工具◇为其创建线性渐变充效果，在其上绘制矩形，取消轮廓，填充为米色（R:223,G:212,B:195），如图 8-76 所示。

图 8-75　添加封套效果

图 8-76　创建线性渐变填充效果

（二）应用斜角效果

下面将使用斜角中的浮雕功能为图形和文本创建浮雕效果，其具体操作如下。

（1）打开"城堡 .cdr"文件，复制其中的城堡图形，填充为蓝灰色（R:135,G:139,B:150），如图 8-77 所示。

（2）选择城堡图形，选择【效果】/【斜角】菜单命令，打开"斜角"泊坞窗，设置样式为浮雕，距离为 0.5mm，阴影颜色为黑色，光源颜色为白色，其他参数保持默认设置，单击 应用 按钮，应用浮雕效果，然后将城堡置入椭圆形中，如图 8-78 所示。

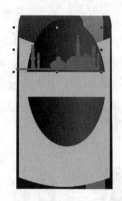

图 8-77　复制城堡图形

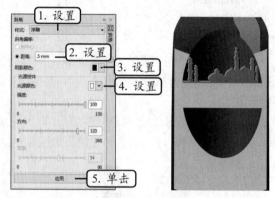

图 8-78　应用浮雕效果

（3）输入文本"POPA"，在属性栏中设置字体为"Copperplate Gothic Bold"，使用交互式填充工具 ◇为其创建线性渐变填充效果，如图 8-79 所示。

（4）选择文本，在"斜角"泊坞窗中设置样式为浮雕，距离为 1.0mm，阴影颜色为白色，光源颜色为黑色，其他参数保持默认设置，单击 应用 按钮，应用浮雕效果，如图 8-80 所示。

图 8-79　输入与填充文本

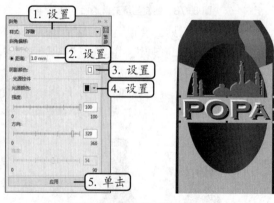

图 8-80　应用浮雕效果

（三）使用变形工具

下面通过变形工具 □制作标志图形，其具体操作如下。

（1）按住【Ctrl】键使用星形工具 ☆绘制正八角星形，如图 8-81 所示。

（2）选择变形工具 □，在属性栏中单击"扭曲变形"按钮 ≈，从八角星形中心拖动鼠标扭曲变形图形。在属性栏中将"完整旋转"设置为1，将"附加度数"设置为30°，按【Enter】键，效果如图8-82所示。

图8-81　绘制正八角星形

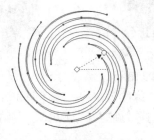

图8-82　扭曲变形效果

使用变形工具

多学一招　　　　　　　　**重复变形对象**

变形后的对象还可继续进行相同的变形操作。在属性栏中单击"添加新的变形"按钮，则可继续进行相同的变形操作。

（3）继续在属性栏中单击"居中变形"按钮，从图形中心向左下角拖动鼠标创建扭曲效果，当出现凤凰轮廓后释放鼠标，完成轮廓的创建，如图8-83所示。

（4）取消凤凰图形轮廓，填充为米色（R:223,G:212,B:193），调整大小后将其移动至城堡图形左上角，如图8-84所示。

图8-83　居中变形

图8-84　调整图形位置

（四）创建路径调和效果

下面将创建路径调和效果，其具体操作如下。

（1）绘制圆形，将轮廓宽度设置为0.5mm，轮廓颜色设置为白色，导入"风景.jpg"文件，将其裁剪到绘制的圆形中，如图8-85所示。

创建路径调和效果

（2）选择星形工具绘制正五角星，取消轮廓，填充为粉色（R:244,G:176,B:170）。复制并放大五角星，将其移动到右侧一定距离后，选择工具箱中的调和工具，按住鼠标左键将鼠标指针从一个五角星上拖动到另一个五角星上，创建调和效果，如图8-86所示。

图 8-85　导入并裁剪图片　　　　　　　　　图 8-86　创建调和效果

（3）沿椭圆形下边缘绘制曲线，选择调和对象，在属性栏中单击"路径属性"按钮，在打开的下拉列表中选择"新路径"选项，鼠标指针变为形状，将其移动到曲线上单击，如图 8-87 所示。

（4）选择调和对象，在属性栏中单击"更多调和选项"按钮，在打开的下拉列表中选择"沿全路径调和"选项，效果如图 8-88 所示。

图 8-87　选择调和的路径　　　　　　　　　　图 8-88　路径调和效果

（5）选择调和对象，在属性栏中将调和步长更改为 15，效果如图 8-89 所示。

（6）使用形状工具编辑调和路径，选择调和对象，按【Ctrl+K】组合键拆分调和对象与调和路径，删除调和路径，效果如图 8-90 所示。

图 8-89　更改调和步长的效果　　　　　　　图 8-90　编辑调和路径的效果

（五）添加透视效果

下面为文本添加透视效果，其具体操作如下。

（1）按【Shift】键缩小椭圆形至合适大小后右击，在弹出的快捷菜单中选择"复制"命令来复制椭圆形，并取消填充，将轮廓宽度设置为 0.5mm，将轮廓颜色设置为淡黄色（C:15,M:17,Y:25,K:0），调整叠放顺序，如图 8-91 所示。

（2）在椭圆形下方绘制图形，取消轮廓，填充为红棕色（R:163,G:76,B:76），在中间输入文本"BEER"，设置字体为"Arial"，填充

微课视频
添加透视效果

为白色，使用封套工具🔲调整文本的轮廓，如图 8-92 所示。

图 8-91　复制椭圆

图 8-92　输入并调整文本

┌───┐
│ 多学　　　　　　　　　清除透视效果
│ 一招
│ 　　　添加透视效果后，若需要清除透视效果，可选择透视后的对象，选择【效果】/
│ 【清除透视点】菜单命令来清除透视效果。
└───┘

（3）在两边输入文本"Time1988"，设置字体为"Arial"。选择文本，选择【效果】/【添加透视】菜单命令，在文本上会出现红色虚线，如图 8-93 所示。

（4）拖动"Time1988"四角的控制点调整透视效果，使其呈现立体化视觉效果，如图 8-94 所示。

图 8-93　添加透视点

图 8-94　调整透视效果

（5）在瓶颈处绘制图形，取消轮廓，填充为酒红色（R:105,G:40,B:42）；复制并缩小"BEER"文本，如图 8-95 所示。

（6）在下方继续输入文本，设置字体为"Arial"，在属性栏中将对齐方式设置为"居中对齐"，调整文本大小。

（7）双击矩形工具🔲创建背景，取消轮廓，填充为灰白色（R:240,G:235,B:235）。

（8）群组酒瓶，使用阴影工具🔲向下拖动群组酒瓶创建阴影效果，在属性栏中将不透明度与阴影羽化值均设置为 100，如图 8-96 所示。

（9）按【Enter】键完成设置。完成后保存文件即可。

图 8-95　绘制图形并复制文本　　　　　　　图 8-96　添加阴影效果

实训一　制作平板电脑

【实训要求】

本实训要求制作平板电脑，其中包括轮廓的制作、平板电脑屏幕的裁剪，以及高光与倒影的制作等。

【实训思路】

根据实训要求，制作时可先创建平板电脑轮廓，拆分轮廓并分别进行填充；然后绘制平板电脑按钮，再渐变填充按钮，裁剪图片到屏幕中；最后添加透明效果，完成制作。本实训的参考效果如图 8-97 所示。

扫一扫

高清大图

图 8-97　平板电脑效果

素材所在位置　素材文件＼项目八＼实训一＼屏幕图 .png
效果所在位置　效果文件＼项目八＼实训一＼平板电脑 .cdr

【步骤提示】

（1）新建一个文件，在其中绘制圆角矩形。使用轮廓图工具 创建两个轮廓图，按【Ctrl+K】组合键拆分轮廓图，从内到外分别填充不同深浅的灰色。

微课视频

制作平板电脑

（2）选择底层圆角矩形，在中间绘制一个四边形与之进行修剪，并分别对其应用渐变填充。

（3）绘制屏幕矩形，导入"屏幕图 .jpg"图片，调整图片大小，将其裁剪到屏幕矩形中。

（4）在屏幕矩形上绘制图标并输入时间等文本，都填充为白色。

（5）组合并复制平板电脑，复制一次对象，然后垂直镜像平板电脑。

（6）选择镜像后的平板电脑，选择【位图】/【转换为位图】菜单命令，将垂直镜像的图形转换为位图，使用透明度工具 创建线性透明效果。

（7）使用相同的方式，绘制出平板电脑的背面和侧面，并对其制作倒影效果，完成后保存文件。

实训二 制作茶包装盒

【实训要求】

本实训要求使用透视功能、透明度工具 等制作茶包装盒，制作时先绘制茶包装盒的外观；再绘制茶包装盒上的图形，可使用提供的素材文件；然后为文本添加透视效果，制作茶包装盒的阴影效果。本实训的参考效果如图 8-98 所示。

扫一扫

高清大图

图 8-98　茶包装盒效果

【实训思路】

根据实训要求，可先绘制茶包装盒和添加文本，再制作阴影效果，最后保存文件。

素材所在位置　素材文件 \ 项目八 \ 实训二 \ 背景 .png、茶壶 .png、花纹 .cdr

效果所在位置　效果文件 \ 项目八 \ 实训二 \ 茶包装 .cdr

【步骤提示】

（1）新建一个横向文件，在其中绘制茶包装盒的各面，然后取消轮廓，创建渐变填充效果，再在侧面添加黄色线条作为缝隙，完成盒形的制作。

微课视频

制作茶包装盒

（2）在盒面上绘制图形，将提供的素材文件裁剪到图形中。

（3）输入"极品功夫茶"文本，将字体设置为"汉仪魏碑简"，调整大小。在其下输入大写字母，并设置字体为"Arial"，字体颜色为茶色（R:126,G:107,B:88）。

（4）群组两排文本，选择【效果】/【添加透视】菜单命令，调整透视效果，使其适合盒面。输入文本"茶庄"，按【Ctrl+Q】组合键将文本转曲，使用形状工具 与造型功能编辑轮廓，为其添加透视效果。

（5）复制多个素材中的花纹，调整其为不同的大小。群组花纹，为其创建渐变填充效果与透视效果，然后将其裁剪到盒面中。

（6）群组并复制茶包装盒，执行镜像操作。选择镜像后的茶包装盒，选择【位图】/【转换为位图】菜单命令，将其转换为位图，然后使用透明度工具 创建线性透明效果，完成后保存文件。

常见疑难解析

问：在 CorelDRAW X8 中能为位图直接添加透镜效果吗？

答：不能。由于透镜效果不改变图形对象本身，只改变图形对象的视觉效果，所以必须要有一个矢量图作为透镜才能为位图添加透镜效果。

问：在给图形对象添加透镜效果时，怎样实时预览所选透镜类型的效果？

答：单击"透镜"泊坞窗中的 按钮，在选择不同的透镜类型时便可实时进行预览。

问："放大"透镜与"鱼眼"透镜的效果有区别吗？

答：有区别。"放大"透镜只对图形对象产生放大效果，不会使图形对象产生变形效果；而"鱼眼"透镜会对图形对象产生变形效果。

问：渐变透明与渐变填充的效果比较类似，它们之间有区别吗？

答：有区别。渐变透明是由一种颜色向透明渐变，而渐变填充是由一种颜色向另一种颜色渐变。

问：将阴影颜色设置为白色时，为什么不显示白色的阴影效果呢？

答：因为一般计算机中默认的合并模式都是"乘"或者"差异"，白色在这些合并模式中是看不出来的。

拓展知识

CorelDRAW 提供了添加角效果功能，通过该功能，可以非常方便地为图形添加圆角、扇形角和倒棱角等效果。

选择需要添加角效果的图形，然后选择【窗口】/【泊坞窗】/【圆角/扇形角/倒棱角】菜单命令，打开"圆角/扇形角/倒棱角"泊坞窗，在泊坞窗中可选择需要添加的角效果，在"半径"文本框中可输入数值，设置半径的大小，如图 8-99 所示。

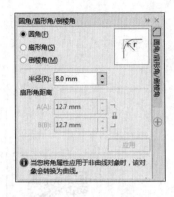

图 8-99　圆角 / 扇形角 / 倒棱角

课后练习

（1）根据前面所学知识和你的理解制作促销海报，在制作时可以先新建文档，再使用相关工具制作海报的背景效果，然后为海报制作相关文本和图形等。通过本练习，读者可以掌握图框精确裁剪和创建透视效果的方法。本实训的参考效果如图 8-100 所示。

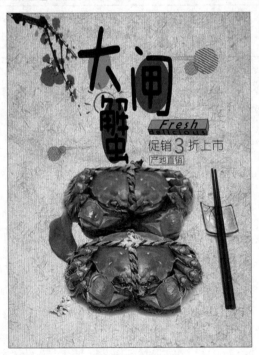

图 8-100　促销海报效果

素材所在位置　素材文件 \ 项目八 \ 课后练习 \ 背景 1.png ～背景 4.png
效果所在位置　效果文件 \ 项目八 \ 课后练习 \ 促销海报 .cdr

（2）根据前面所学知识和你的理解，制作一张关于母亲节的海报，要求整个页面布局整齐、大方。在制作时要注意色彩的应用，一定要符合主题，且主题文本明确。本实训的参考效果如图 8-101 所示。

图 8-101　母亲节海报

　效果所在位置　效果文件 \ 项目八 \ 课后练习 \ 母亲节海报 .cdr

项目九
位图处理与文件输出

情景导入

米拉有一张图片需要做一些简单的处理，但他不知道能不能在 CorelDRAW 中进行操作，于是向老洪请教。老洪告诉他，虽然 CorelDRAW 是编辑矢量图的软件，但是为了工作方便，同样可以对位图进行一些相对简单的操作，但若对位图进行复杂的处理，还是需要借助专业的位图编辑软件才行。

学习目标

- 掌握制作水果海报的方法
  如导入与裁剪位图、调整位图颜色、将图形对象转换为位图、添加文本的方法。

- 掌握打印图形的方法
  如文本转曲、设置打印属性、预览并打印文件、彩色印刷输出的方法。

素质目标

提高分析和解决问题的能力，提高自学能力。

案例展示

▲制作水果海报

▲打印图形

任务一　制作水果海报

前面项目中我们制作的海报主要以图形设计为主，在实际工作中有时也可以结合位图素材来进行设计。本任务将在 CorelDRAW 中制作一张水果海报，主要通过导入素材图片和编辑文本来制作。

一、任务目标

本任务将练习用 CorelDRAW 制作水果海报，在制作时需要先新建图形文件，然后导入素材图片并对导入的图片进行编辑，最后绘制图形并输入文本。通过本任务的学习，读者可以掌握在 CorelDRAW 中编辑位图、调整位图颜色、转换位图等操作。本任务制作完成后的最终效果如图 9-1 所示。

扫一扫
高清大图

素材所在位置　素材文件\项目九\任务一\菠萝 .png

效果所在位置　效果文件\项目九\任务一\制作水果海报 .cdr

图 9-1　水果海报效果

二、相关知识

在 CorelDRAW 中可以多方位地调整位图的颜色，还可以变换与校正位图，通过位图颜色遮罩为位图添加滤镜特效。下面对这些操作进行介绍。

（一）调整位图的相关命令

调整位图颜色包括调整位图的色度、亮度、对比度、饱和度等。选择【效果】/【调整】菜单命令，将打开图 9-2 所示的子菜单，其中提供了多种用于调整位图颜色的菜单命令。在子菜单中选择需要的菜单命令，然后设置相关参数，单击 确定 按钮即可。下面分别对各个子菜单命令进行讲解。

图 9-2　调整位图的相关命令

● **高反差**：选择"高反差"菜单命令可以通过移动滑块来调整暗部和亮部细节，效果如图 9-3 所示。

扫一扫
高清大图

图 9-3　原图与高反差效果

● **局部平衡**：选择"局部平衡"菜单命令可以通过改变图像各颜色边缘的对比度来调整图像的暗部和亮部细节，效果如图 9-4 所示。

● **取样 / 目标平衡**：选择"取样 / 目标平衡"菜单命令可以直接从图像中提取颜色样品来调整图像。图 9-5 所示为将黄色调整为绿色的效果。

扫一扫

高清大图

图 9-4　局部平衡效果　　　　　　图 9-5　将黄色调整为绿色的效果

● **调合曲线**：选择"调合曲线"菜单命令控制单个像素值可以精确地校正颜色，通过改变像素亮度值，可以改变阴影、中间色调、高光，效果如图 9-6 所示。

● **亮度 / 对比度 / 强度**：选择"亮度 / 对比度 / 强度"菜单命令可以对位图的亮度、对比度、强度进行调整，效果如图 9-7 所示。"亮度"是指图形的明亮程度，"对比度"是指图形中白色和黑色部分的反差，"强度"则是指图形中的色彩强度。

扫一扫

高清大图

图 9-6　调和曲线效果　　　　　　图 9-7　亮度 / 对比度 / 强度效果

● **颜色平衡**：选择"颜色平衡"菜单命令调整色彩通道可以在 RGB 和 CMYK 之间转换颜色模式，效果如图 9-8 所示。颜色平衡是对每一个控制量进行设置，从而矫正图像颜色。

● **伽玛值**：选择"伽玛值"菜单命令是一种校色方法，其原理是人眼因相邻区域的色值不同而产生的视觉印象，用于在不影响阴影感和高光的情况下强化较低对比度区域的细节，效果如图 9-9 所示。

扫一扫

高清大图

图 9-8　颜色平衡效果　　　　　　图 9-9　伽玛值效果

- **色度／饱和度／亮度**：选择"色度／饱和度／亮度"菜单命令可以对色度、饱和度、亮度进行调整来改变图像的颜色深浅，效果如图 9-10 所示。
- **所选颜色**：选择"所选颜色"菜单命令可以增加或减少图像中的 CMYK 值来设置图像颜色，效果如图 9-11 所示。

扫一扫

高清大图

图 9-10　色度／饱和度／亮度效果　　　　图 9-11　所选颜色效果

- **替换颜色**：选择"替换颜色"菜单命令可以从图像中选取一种颜色，在所选区域上创建一个屏蔽，在这个屏蔽中进行颜色调整，效果如图 9-12 所示。
- **取消饱和**：选择"取消饱和"菜单命令取消饱和是将图片的颜色模式改变成灰度方式。选中需要调整的位图，选择【效果】/【调整】/【取消饱和】菜单命令，效果如图 9-13 所示。

扫一扫

高清大图

图 9-12　替换颜色效果　　　　图 9-13　取消饱和效果

- **通道混合器**：选择"通道混合器"菜单命令可以通过改变不同颜色通道的数值来改变图像的色调。

除使用"调整"菜单命令下的子菜单进行调整颜色外，还可以通过【位图】/【自动调整】菜单命令和【位图】/【图像调整实验室】菜单命令对位图的颜色进行调整。

- **自动调整**：通过"自动调整"菜单命令可以对导入或转换生成的位图颜色的对比度进行自动调整。选择【位图】/【自动调整】菜单命令，将自动对位图进行调整，没有设置参数的过程。
- **图像调整实验室**：通过"图像调整实验室"菜单命令可以手动调整位图的温度、淡色、饱和度等，而且可以分别对亮度、对比度、高光、阴影、中间色调等部分进行调整。"图像调整实验室"对话框上面有一排按钮，通过这些按钮可以选择原始图像和调整后效果的预览方式，并且可以将预览窗口进行放大、缩小、旋转和移动，如图 9-14 所示。

图 9-14　"图像调整实验室"对话框

（二）变换与校正位图的相关命令

变换与校正位图是对位图的颜色进行处理，以达到特殊的显示效果，下面分别进行讲解。

● **去交错**：选择【效果】/【变换】/【去交错】菜单命令，可以把扫描仪在扫描图像过程中产生的网点消除，从而使图像更加清晰。

● **反转颜色**：选择【效果】/【变换】/【反转颜色】菜单命令，可以把图像的颜色转换为与其相对应的颜色，从而生成图像的负片效果，如图 9-15 所示。

● **极色化**：选择【效果】/【变换】/【极色化】菜单命令，可以把图像颜色简单化处理，得到极色化效果，如图 9-16 所示。

图 9-15　负片效果　　　　　　　　图 9-16　极色化效果

● **尘埃与刮痕**：选择【效果】/【校正】/【尘埃与刮痕】菜单命令，可以通过更改图像中相异像素的差异来减少杂色。

（三）位图颜色遮罩

使用位图颜色遮罩可以隐藏或更改选择的颜色，而不改变图像中的其他颜色，常用于删除某些不需要的背景颜色。下面对几种颜色遮罩的方法进行讲解。

● **为单色位图着色**：选择位图，选择【位图】/【模式】/【黑白（1 位）】菜单命令，将位图转换为黑白单色位图模式。选择黑白模式的单色位图，单击调色板中的颜色，修改位图的背景颜色，即白色区域；右击调色板中的颜色，修改位图的前景颜色，即黑色区域，如图 9-17 所示。

图 9-17　为单色位图着色

● **隐藏位图颜色**：选择需要进行颜色遮罩的位图，选择【位图】/【位图颜色遮罩】菜单命令，将打开"位图颜色遮罩"泊坞窗，默认选中"隐藏颜色"单选项。单击"颜色选择"按钮 ，在位图中单击需要隐藏的颜色，设置容限值，单击 应用 按钮即可进行隐藏，如图 9-18 所示。

图 9-18　隐藏位图颜色

<table>
<tr><td>多学
一招</td><td colspan="2">调整隐藏颜色范围</td></tr>
</table>

调整隐藏颜色范围

　　隐藏颜色后，若发现隐藏的颜色不彻底，可继续选择下一个颜色条，单击"颜色选择"按钮 ✐ ，再单击没有隐藏的区域，调整隐藏的容限值，单击 应用 按钮继续进行隐藏。

● **显示位图颜色**：选择位图，在"位图颜色遮罩"泊坞窗中单击选中"显示颜色"单选项，然后在颜色列表框中单击选中需要显示颜色的复选框，单击"颜色选择"按钮，单击位图上需要显示的颜色区域，拖动"容限"的滑块，设置容限值，单击 应用 按钮进行显示。

（四）位图滤镜效果

　　CorelDRAW X8 提供了 12 组滤镜特效，选择"位图"菜单，在弹出的菜单底部有三维效果、艺术笔触、颜色转换、轮廓图、创造性等，选择其下相应的命令即可得到位图的特殊效果。下面分别对几种常用滤镜进行简单介绍。

● **三维旋转**：选择该命令可得到立体的旋转效果。
● **浮雕**：选择该命令可得到浮雕效果。用户可以控制浮雕的深度和角度。
● **卷页**：选择该命令可使位图的一角或多角出现卷页效果。
● **素描**：选择该命令可将位图转换为铅笔素描。
● **高斯式模糊**：选择该命令可使位图按照高斯分配产生朦胧的效果。
● **动态模糊**：选择该命令可产生位图运动的幻像。
● **曝光**：选择该命令可将位图转为底片，并能调节曝光的效果。
● **查找边缘**：选择该命令可将对象边缘搜索出来并将其转换成软或硬的轮廓。
● **描摹轮廓**：选择该命令可强化位图的边缘。
● **框架**：选择该命令可用预设图框或其他图像框化位图。
● **马赛克**：选择该命令可使位图产生不规则椭圆小片拼成的马赛克画效果。
● **虚光**：选择该命令可使位图被一个像框围绕着，从而产生古典像框的效果。
● **天气**：选择该命令可在位图中添加大气环境，如雪、雨等。
● **风吹效果**：选择该命令可使位图产生一种被风吹过的效果。

- **置换：**选择该命令可通过两幅图像间的颜色值，按照置换图像的值来改变现有的位图。
- **像素：**选择该命令可将一幅位图分成方形、矩形等像素单元，从而创建出夸张的外观。
- **平铺：**选择该命令可产生一系列图像。

三、任务实施

（一）导入与裁剪位图

在 CorelDRAW 中新建一个图形文件，然后导入需要的位图，裁剪图片后对其进行编辑。

（1）新建一个图形文件，然后将其保存为"制作水果海报 .cdr"。

（2）双击矩形工具口，创建一个与页面相同大小的矩形，填充为绿色（R:217,G:228,B:131），如图 9-19 所示。

（3）按【Ctrl+I】组合键或选择【文件】/【导入】菜单命令导入"菠萝 .png"位图，调整大小后，放到背景中，如图 9-20 所示。

> **多学一招**
>
> **导入位图设置选项**
>
> 在导入位图时，在"导入"对话框中单击 导入▼ 按钮右侧的▼下拉按钮，在打开的下拉列表中选择"重新取样并装入"或"裁剪并装入"选项，可在打开的对话框中设置图片的分辨率大小或拖动节点调整裁剪区域。

（4）选择工具箱中的裁剪工具㘗，在需要的图像区域拖动鼠标绘制较大菠萝的剪裁区域，按【Enter】键完成裁剪，如图 9-21 所示。

图 9-19　创建与填充矩形

图 9-20　导入位图

图 9-21　裁剪图像

> **多学一招**
>
> **使用形状工具裁剪图像**
>
> 使用形状工具㘗也可裁剪图像，与裁剪工具㘗不同的是，使用形状工具㘗进行裁剪只能隐藏图像，裁剪后按【F10】键拖动图形上的角点可显示之前裁剪的图像。

（二）调整位图颜色

下面为导入的位图调整颜色，然后将其分别放置在相应位置。其具体操作如下。

微课视频

调整位图颜色

（1）选择菠萝图像，选择【效果】/【调整】/【亮度/对比度/强度】菜单命令，打开"亮度/对比度/强度"对话框。

（2）在对话框中调整图像亮度、对比度和强度，分别设置参数为10、3、3，如图 9-22 所示。单击 确定 按钮，得到调整后的图像效果，如图 9-23 所示。

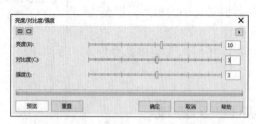

图 9-22　调整图像亮度、对比度和强度

图 9-23　图像效果

（3）选择【效果】/【调整】/【色度/饱和度/亮度】菜单命令，打开"色度/饱和度/亮度"对话框。

（4）在对话框中适当降低图像饱和度，分别设置参数为5、-13、2，如图 9-24 所示。单击 确定 按钮，得到调整后的图像效果，如图 9-25 所示。

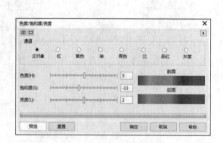

图 9-24　降低图像饱和度

图 9-25　图像效果

（三）将图形对象转换为位图

下面将绘制的矢量图转换为位图，以方便为其添加位图的特效。其具体操作如下。

微课视频

将图形对象转换
为位图

（1）选择阴影工具 ，在菠萝图像底部按住鼠标左键拖动鼠标，制作投影，如图 9-26 所示。

（2）选择螺纹工具 ，在属性栏中设置"螺纹回圈"为4，单击"对称式螺旋"按钮 。

（3）按住鼠标左键拖动鼠标，绘制出螺旋图形。双击状态栏中的轮廓笔图标 ，打开"轮廓笔"对话框，设置轮廓宽度和颜色等，如图 9-27 所示。

图 9-26　制作投影

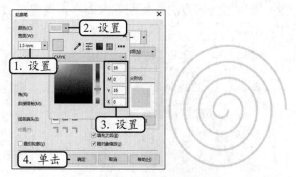

图 9-27　绘制并设置螺旋图形

（4）选择矩形工具 ，在螺旋图形中绘制一个矩形，如图 9-28 所示。

（5）选择这两个图形，单击属性栏中的"简化"按钮 ，得到半边螺纹图形，效果如图 9-29 所示。

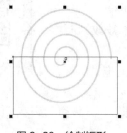

图 9-28　绘制矩形

图 9-29　图形效果

（6）选择修剪后的螺纹图形，选择【位图】/【转换为位图】菜单命令，在打开的对话框中设置分辨率为 300dpi，并设置颜色模式为"CMYK 色（32 位）"，如图 9-30 所示。

（7）完成后单击　确定　按钮即可。适当调整图像大小，将其放到画面底部，如图 9-31 所示。

图 9-30　"转换为位图"对话框

图 9-31　调整图像位置

多学
一招

将位图转换为矢量图

　　若需要将位图转换为矢量图，可选择【位图】/【快速描摹（中心线描摹、轮廓描摹）】菜单命令，在打开的对话框中设置描摹的细节与平滑度，然后单击　确定　按钮。

（8）选择转换为位图的螺旋图形，按小键盘上的【＋】键，复制对象，将其放到右侧，如图 9-32 所示。

（9）使用相同的方法，复制螺纹图形，调整至合适的大小，放到画面底部两侧，如图 9-33 所示。

图 9-32　复制对象　　　　　　　　　图 9-33　放置其他螺纹图形

（四）添加文本

下面在位图中添加文本，其具体操作如下。

（1）选择文本工具，在页面中输入文本"酸"，在属性栏中设置字体为"方正兰亭中粗黑"，填充为白色，如图 9-34 所示。

（2）按【Ctrl+PgDn】组合键，反复操作，直至文本被放到菠萝图像下一层，如图 9-35 所示。

（3）选择阴影工具，在文本下方按住鼠标左键向上拖动鼠标，得到文本投影效果，如图 9-36 所示。

（4）继续在菠萝图像周围输入文本"甜""苦""辣"，并设置与文本"酸"相同的属性，如图 9-37 所示。

图 9-34　输入文本　　　图 9-35　调整文本顺序　　　图 9-36　添加投影　　　图 9-37　添加其他文本

（5）选择文本"酸"，按小键盘上的【＋】键，复制对象，单击调色板顶部的⊠按钮，取消填充。

（6）双击状态栏中的轮廓笔图标，打开"轮廓笔"对话框，设置轮廓宽度为 1.2mm、颜色为白色，如图 9-38 所示。

（7）完成后单击 确定 按钮，得到文本轮廓线效果，按【Shift+PgUp】组合键，将文本放到最顶层，如图 9-39 所示。

（8）分别选择文本，复制对象，为其设置无填充状态，并设置轮廓，再调整文本顺序，得到图 9-40 所示的效果。

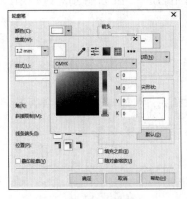

图9-38　设置轮廓　　　　　图9-39　文本轮廓效果　　　　图9-40　其他文本轮廓效果

（9）选择贝塞尔工具⚈，在文本四周绘制线条，在属性栏中设置轮廓宽度为 0.75mm，填充为白色，如图 9-41 所示。

（10）在线条之间的空白处分别输入文本，并设置字体为"方正中倩"，填充为黑色，如图 9-42 所示。

（11）在页面下方再输入两行英文，设置合适的字体和颜色，调整大小，并为其添加阴影，完成效果如图 9-43 所示。完成本任务的制作。

图9-41　绘制线条　　　　　图9-42　输入文本　　　　　图9-43　完成效果

任务二　打印图形

CorelDRAW 提供了强大的打印功能，用户可根据需要设置不同的打印属性、打印版面。利用打印预览功能，还可及时发现打印中存在的错误。不过在打印之前，需要做好打印的准备工作，如文本转曲和 CMYK 颜色模式转换，从而得到更佳的打印效果。

一、任务目标

本任务将练习用 CorelDRAW 打印图形，下面具体进行讲解。

二、相关知识

将设计完成的作品印刷、出品是一个复杂的过程，需要了解印刷的相关知识，包括印前设计工作流程、分色和打样、纸张类型、印刷效果、控制图像质量，下面分别对这些知识进行讲解。

（一）印前设计工作流程

印前设计的一般工作流程包括以下几个基本过程。

- 根据客户的要求明确设计及印刷要求。
- 根据客户的要求进行样稿设计，包括版面设计、文本输入、图像导入、创意和拼版等。
- 制作出黑白或彩色校稿，让客户修改。
- 根据客户的意见修改样稿。
- 再次出校稿，让客户修改，直到定稿。
- 客户签字定稿后出胶片。
- 印前打样。
- 送交印刷打样，若无问题，客户签字；若有问题，需重新修改并输出菲林。至此，印前设计工作全部完成。

（二）分色和打样

下面对分色和打样的相关知识进行介绍。

- **分色**：分色是指将原稿上的各种颜色分解为黄色、品红色、青色、黑色 4 种原色颜色。在电脑印刷设计或平面设计类软件中，分色工作就是将扫描图像或其他来源图像的色彩模式转换为 CMYK 模式。
- **打样**：打样是指模拟印刷，在制版与印刷间起着承上启下的作用，主要用于阶调与色调的合成再现，并将复制再现的误差及应达到的数据标准提供给制版，作为修正或再次制版的依据。同时为印刷的墨色、墨层密度、网点扩大数据提供参考样张，并作编辑校对的签字样张。

多学一招

为图像分色

一般扫描图像和用数码相机拍摄的图像为 RGB 模式，从网上下载的图像也大多是 RGB 模式，所以在印刷时必须对这些图像进行分色。

（三）纸张类型

纸张主要分为工业用纸、包装用纸、生活用纸、文化用纸、印刷用纸等，这里主要讲解与平面设计关系密切的印刷用纸。根据纸张的性能和特点可以将印刷用纸大致分为新闻纸、凸版印刷纸、铜版纸、凹版印刷纸、白板纸等。

- **新闻纸**：新闻纸一般用于报纸的印刷。新闻纸的纸质松软、吸墨能力强，具有一定的机械强度，其缺点是抗水性差，且时间一长易变黄，不适于保存。由于新闻纸有一定的颜色，因此色彩表现程度不是很好。
- **凸版印刷纸**：凸版印刷纸适用于凸版印刷，纸张的性能与新闻纸相似，其抗水性、色彩表现程度等都比新闻纸略好。
- **铜版纸**：铜版纸也称为胶版印刷纸，分为单面铜版纸和双面铜版纸。单面铜版纸的一面平整且光滑、纯度较高，能得到较好的印刷效果；另一面平整却不光滑、纯度较低，不能得到较好的印刷效果。双面铜版纸的两个面都平整、光滑，因此适用于两面都需印刷的对象，如商业宣传单和画册等。

● **凹版印刷纸**：凹版印刷纸的纸张表面洁白且具有一定的硬度，也具有良好的抗水性和耐用性，主要用于印刷邮票、精美画册等印刷要求较高的印刷品。

● **白板纸**：白板纸质地均匀，在表面涂有一层涂料，纸张洁白且纯度高，可均匀吸墨，有良好的抗水性和耐用性，常用于印刷商品的包装盒和挂图等。

多学一招   **印刷前的准备工作**

在印刷前要向客户了解设计作品的用途，有什么特殊的工艺需求，对印刷用纸有什么要求等。这样可以在了解纸张性能的同时设计作品，以避免设计效果和印刷效果有差异。

（四）印刷效果

在平面设计中，除了要了解纸张类型外，还需要熟悉各种印刷效果，因为这与印刷成本有直接的关系。如在报纸上打广告，除了全彩印刷外，还可以使用套色来印刷。常用的印刷有单色印刷、套色、专色印刷、双色印刷和四色印刷。

● **单色印刷**：单色印刷即使用黑色进行印刷，该印刷只有一种颜色，成本很低。根据浓度的不同可以显示出黑色或黑色到白色之间的灰色，常用于印刷较简单的宣传单和单色教材等。

● **套色**：套色是在单色印刷的基础上再印上 CMYK 模式中的任意一种颜色，如常见的报纸和广告中的套红就是在单色印刷的基础上套印洋红色，而且这种印刷方式的成本较低。

● **专色印刷**：专色印刷通常指用金色或银色来印刷。因为打印机等其他输出设备使用的 CMYK 墨水不能很好地表现出金色或银色的效果，所以需要专门用一种特定的油墨来印刷该颜色。

● **双色印刷**：双色印刷即使用两种颜色进行印刷，成本比单色印刷高，通常用 CMYK 模式中的任意两种颜色进行印刷。

● **四色印刷**：四色印刷的效果非常好，但成本也较高，常用于印刷 DM 单、全彩杂志等。

多学一招   **使用专色印刷的注意事项**

不同印刷厂的专色数值有可能不一样，因此在使用专色印刷前，应与印刷厂做好沟通。在设计中自定义的非标准专色，印刷厂不一定能准确地调配出来，而且在屏幕上不能看到准确的颜色。所以通常情况下，若客户不做特殊要求，尽量不要使用自定义的专色。

（五）控制图像质量

控制图像质量可以保证印刷后的成品满足客户需求，如胶印印刷是将连续色调的图像分解成不连续的网点，通过这些大小不一的网点传递油墨，复制图像。所以，对图像质量的要求是关键。评价图像质量主要包括以下几个方面。

● **图像的阶调再现**：指原稿中的明暗变化与印刷品的明暗变化之间的对应关系。阶调复制的关键在于对各种内容的原稿做相应处理，以达到较好的复制效果。

- **色彩的复制**：指两种色域空间的转换及颜色数值的对应关系。评价印刷品的色彩复制，不是看屏幕的颜色，而是看原稿中的 CMYK 值是多少，看这些数值是否是最佳设置。

- **清晰度的强调处理**：是指弥补连续调的原稿经挂网变成不连续的图像时所引起的边缘界线模糊。评价清晰度的复制，就是看对于不同种类的原稿，是否采用了相应的处理方式，以保证印刷品能达到观看的要求。

三、任务实施

（一）文本转曲与 CMYK 模式转换

在印刷或输出设计作品前，都需要做详细的检查工作，以避免文本在其他计算机或设备上显示错误或用其他的字体代替，或印刷颜色与计算机显示颜色不符等情况发生。需要对作品进行文本转曲或转换色彩模式为印刷的 CMYK 模式，其具体操作如下。

微课视频

文本转曲与 CMYK 模式转换

（1）打开设计的作品，单击"取消组合所有对象"按钮将所有对象全部解散群组。选择【编辑】/【全选】/【文本】菜单命令或选中所有要转曲的文本，按【Ctrl+Q】组合键即可。

多学一招　　　　　　　　　　**统计所有文本信息**

将文本转曲后，如果担心有未转曲的文本被遗漏，可以选择【文本】/【文本统计信息】菜单命令，打开"统计"对话框，在对话框中将显示段落文本和美术字文本的个数，以及使用的字体等信息。

（2）选择位图，选择【位图】/【模式】/【CMYK 色（32 位）】菜单命令，即可将位图颜色模式转换为 CMYK 模式。

（3）选择【编辑】/【查找并替换】/【替换对象】菜单命令，打开"替换向导"对话框，单击选中"替换颜色模型或调色板"单选项，单击 下一步 按钮，如图 9-44 所示。

（4）在打开对话框的列表框中选择 CMYK 颜色模型，单击选中"填充"单选项，单击 完成 按钮，如图 9-45 所示。将文件中所有矢量图的填充色转换为 CMYK 模式。单击选中"轮廓"单选项，使用相同的方法将文件中所有矢量图的轮廓色转换为 CMYK 模式。

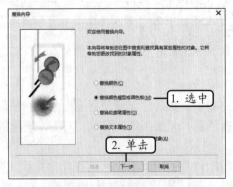

图 9-44　"替换向导"对话框

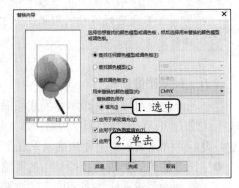

图 9-45　替换颜色模式

（5）文本转曲和色彩模式转换完成后，可以选择【文件】/【文档属性】菜单命令，在打开的"文档属性"对话框中查看当前文件的相关信息，了解是否所有的文本已经转曲，是否还有其他色彩模式的位图或矢量图，而且可以查看文件中所应用的样式和效果等。

多学一招

转换 CMYK 模式

文档默认的填充模式为 CMYK 模式，若要将单个对象的颜色填充为其他颜色，在该对象的"颜色填充"对话框中选择 CMYK 模式也可进行转换。

（二）设置打印属性

在进行文件打印之前需要选择连接打印机的名称、纸张大小、送纸方向、分辨率、打印范围、打印份数等，其具体操作如下。

设置打印属性

（1）打开需要打印的图形文件后，选择【文件】/【打印】菜单命令，打开"打印"对话框，默认打开"常规"选项卡，在"目标"栏中可以选择打印机，单击 首选项(P)... 按钮可在打开的打印机属性对话框中选择不同的选项卡，如图 9-46 所示。

（2）在"基本"选项卡中可对纸张大小、方向、份数、介质类型、分辨率等进行设置，如图 9-47 所示。

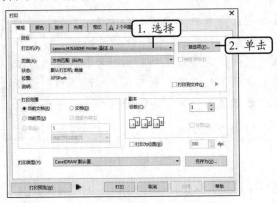

图 9-46 "打印"对话框

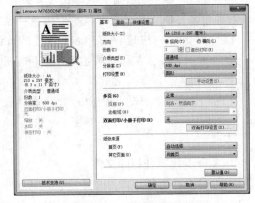

图 9-47 设置打印机属性

（3）单击 确定 按钮返回"打印"对话框，在"打印范围"栏中可以设置打印范围，在"副本"栏的"份数"文本框中输入数值可以设置打印的份数。

（4）单击"颜色"选项卡，单击选中"分色打印"单选项，将激活对话框的"分色"选项卡。单击"分色"选项卡，选择"文档叠印"下拉列表中的"忽略"，单击选中对应分色的复选框，将分别打印对应的分色，默认为全部选中，如图 9-48 所示。

（5）单击"布局"选项卡，在"图像位置和大小"栏中可以设置图形在页面上的位置、输出的尺寸大小、拼接打印。单击选中"出血限制"复选框，在其右侧的文本框中输入出血数值，如图 9-49 所示。设置完成后单击 打印 按钮可进行打印。

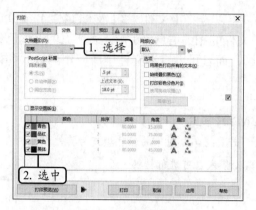

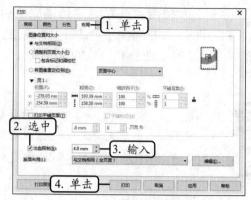

图 9-48　设置打印分色　　　　　　　　　图 9-49　设置打印版面与出血

知识提示

设置打印的注意事项

在设置打印范围时，其中各选项的功能如下。

● "当前文档"单选项：该单选项为默认选项，表示打印当前页面中的页面框中的图形文件。

● "文档"单选项：单击选中该单选项，将列出绘图区中所有打开的文件，用户可从中选择需要打印的图形文件。

● "当前页"单选项：表示只打印当前页面。

● "选定内容"单选项：当在绘图区中选择部分图形后该单选项才能成为可选状态，选中后表示只打印选取区域内的图形。

● "页"单选项：该单选项只有在创建两个以上的页面时才能被激活。激活后可在其文本框中输入要打印页面的范围，也可在下方的下拉列表框中选择打印奇数页或偶数页。连续页可使用"～"符号相连，不连续页可使用英文逗号分隔。

（三）预览并打印文件

设置好打印属性后，可以预览图形文件的打印情况，这样能够避免因为设置不当造成的错误。预览无误后即可进行打印操作。其具体操作如下。

（1）选择【文件】/【打印预览】菜单命令或在"打印"对话框中单击 打印预览(W) 按钮，将打开打印预览窗口，如图 9-50 所示。在该窗口中可以进行预览操作。

微课视频

预览并打印文件

（2）单击工具箱中的选择工具 ，在预览图像上单击并按住鼠标左键拖动鼠标，可移动整个预览图像在页面中的位置；单击缩放工具 ，在窗口中单击可放大视窗，按住【Shift】键的同时单击则可缩小视窗。

（3）预览无误后单击属性栏中的 按钮，或按【Ctrl+P】组合键即可进行打印。

图 9-50　打印预览窗口

（四）彩色印刷输出

微课视频

彩色印刷输出

除了打印外，CorelDRAW 还支持彩色印刷输出。其具体操作如下。

（1）选择【文件】/【收集用于输出】菜单命令，打开"收集用于输出"对话框，默认选中"自动收集所有与文档相关的文件（建议）"单选项，如图 9-51 所示。

（2）依次单击 下一步 按钮，直至在打开的对话框中确认是否要复制作品中用到的字体，这里保持默认值的设置，如图 9-52 所示。

图 9-51　"收集用于输出"对话框

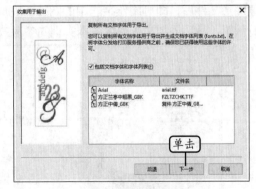

图 9-52　复制字体

（3）依次单击 下一步 按钮，直至在打开的对话框中要求选择文件存储的位置，单击 浏览(B)… 按钮，选择输出文件的存放位置，如图 9-53 所示。

（4）依次单击 下一步 按钮，直至提示要求的文件已建立，并在"文件"列表框中显示创建的文件，单击 完成 按钮完成文件相关信息的输出，如图 9-54 所示。

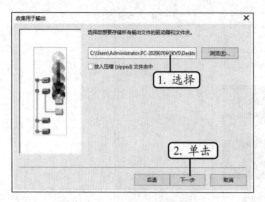

图 9-53　选择文件保存位置

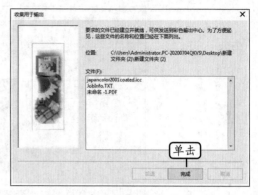

图 9-54　完成输出

> **知识提示**
>
> **输入其他格式**
>
> 选择【文件】/【导出为】/【Web】菜单命令，或选择【文件】/【发布为PDF】菜单命令，可将 CDR 文件输出为网页支持的格式，如 PNG、GIF、JPG（或JPEG）格式，或 PDF 阅读模式。

实训一　制作杂志内页

【实训要求】

　　本实训要求利用编辑和处理位图的相关知识制作杂志内页。制作时要充分利用图片来表现效果，并要求绘制的图形颜色鲜明，主题突出。

【实训思路】

　　本实训主要运用的知识包括导入与裁剪位图、为位图添加滤镜等。在 CorelDRAW 中新建图形文件后，即可制作杂志中的图片。完成图片的制作后导入提供的素材文件，对位图进行编辑，最后添加文本即可。本实训的参考效果如图 9-55 所示。

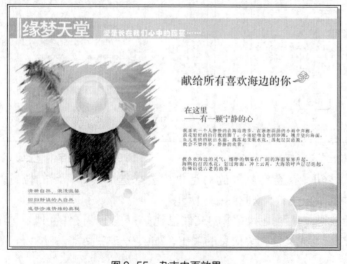

图 9-55　杂志内页效果

素材所在位置	素材文件\项目九\实训一\海滩 1.png、海滩 2.png
效果所在位置	效果文件\项目九\实训一\杂志内页 .cdr

【步骤提示】

（1）新建一个横向图形文件，并将其保存为"杂志内页 .cdr"。

（2）绘制矩形条，填充轮廓，再分别填充相应颜色。

（3）导入"海滩 2.png"素材文件。选择图片，选择【位图】/【创造性】/【框架】菜单命令，为图片添加白色边框。将其放置到合适位置，调整大小。选择图片，按【F10】键切换到形状工具 ，选择下方的两个角点按住【Ctrl】键进行拖动，裁剪不需要的图像部分。

制作杂志内页

（4）选择【位图】/【创造性】/【天气】菜单命令，为图片设置浓度为 7、方向为45°的小雨效果。

（5）绘制白色轮廓的圆形后，导入"海滩 1.png"素材文件，将其裁剪到圆形中。使用相同的方法将该图片裁剪到其他圆形中。

（6）输入文本，设置好字体和字号后，按【Ctrl+Q】组合键将文本转曲，为其填充颜色和设置轮廓，作为主体文本。

（7）继续输入文本，设置好相关的文本属性，完成制作。

实训二 设置并打印杂志内页

【实训要求】

本实训要求打开前面实训一中制作的"杂志内页 .cdr"图形文件，先设置打印的纸张大小为 A3，方向为横向；然后进行打印预览，并设置版面布局和打印位置；最后将其打印出来。打印预览效果如图 9-56 所示。

图 9-56 打印预览效果

【实训思路】

在打印杂志内页之前，要先设置其打印的纸张大小，然后在打印预览窗口中进行设置。

 效果所在位置 效果文件\项目二\实训二\打印杂志.cdr

【步骤提示】

（1）启动 CorelDRAW，打开实训一中制作的"杂志内页.cdr"图形文件，将其另存为"打印杂志.cdr"图形文件。

（2）选择【编辑】/【全选】/【文本】菜单命令或选中所有要转曲的文本，按【Ctrl+Q】组合键进行转曲。

（3）选择位图，选择【位图】/【模式】/【CMYK 色（32 位）】菜单命令，即可将位图颜色模式转换为 CMYK 模式。

微课视频
设置并打印杂志内页

（4）选择裁剪位图的圆形，选择【位图】/【转换为位图】菜单命令，即可将位图颜色模式转换为 CMYK 模式。

（5）选择【文件】/【打印】菜单命令，选择需要使用的打印机名称，然后单击"首选项"按钮，设置打印的纸张大小和方向。

（6）打开打印预览窗口，单击工具箱中的工具按钮，设置打印布局、打印套准标记和色彩校正列等。

（7）单击打印预览窗口中的按钮，打印设置后的图形，完成后保存文件。

常见疑难解析

问：在对位图执行滤镜操作时，计算机运行速度很慢，稍微改变一下参数需要很久才会显示出效果，能够解决这个问题吗？

答：在效果设置对话框中，默认情况下 预览 按钮以白色状态显示，这表示每调整一次参数图像都会发生变化，所以速度会比较慢。为了避免这种情况，可以单击 预览 按钮，使其呈现灰色状态，当调整至合适的参数后，再次单击该按钮才能显示调整后的图像效果。

问：在 CorelDRAW 中编辑图片时，怎样才能使图片的背景透明？

答：要使图片的背景透明，可使用【位图】/【位图颜色遮罩】菜单命令隐藏背景颜色来达到目的；也可在 Photoshop 中对图片进行抠图处理，然后保存为 PSD 或 PNG 格式后，再导入 CorelDRAW，此时图片的背景为透明状态。

问：将 CorelDRAW 中编辑的图片导出为其他格式时，怎样才能使图片的背景透明？

答：需要在导出图片时在"转换为位图"对话框中单击选中"透明背景"复选框。

问：进行分色打印后，每个分色页面的黑色表示的是什么？

答：进行分色打印后查看分色页面时，各页面中黑色所占的比例表示相应颜色的多少。

问：如果在打印分色的时候，不想全部打印而只打印其中的某张可以吗？

答：可以。单击选中"打印彩色分色片"复选框后，将激活对话框下方的分色列表框，并且列表框中的 4 种颜色对应的复选框都处于选中状态，表示每一个分色都将分别打印。如果只想打印其中的某张，取消选中不需要打印的分色前面所对应的复选框即可。

拓展知识

1. 删除背景

在 Photoshop 中使用钢笔工具 完成路径的绘制后，按【Ctrl+Enter】组合键转换路径为选区，然后按【Ctrl+J】组合键复制绘制的选区图形。在"图层"面板中双击背景图形，在打开的对话框中单击 确定 按钮，将其转换为普通图层，然后在该图层上右击，在弹出的快捷菜单中选择"删除图层"命令，即可删除位图的背景图形。

2. 合并打印

合并打印用于打印一批格式相同而内容不同的文件，如信封、名片、请柬等。创建合并打印的操作如下。

（1）打开文件，选择【文件】/【合并打印】/【创建/装入合并域】菜单命令，根据向导创建、添加或保存域。

（2）创建域后，将打开"合并打印"对话框，将文本插入点定位到需要插入域的位置，在"域"下拉列表中选择一个域名称，单击"插入合并打印字段"按钮。

（3）选择【文件】/【合并打印】/【执行合并】菜单命令，即可进行合并打印操作，打印出多份相同格式、不同域内容的文件，如图 9-57 所示。若在"合并打印"对话框中单击"合并到新文档"按钮，将自动生成多个相同格式、不同域名的页面。

图 9-57　插入合并域

课后练习

（1）根据前面所学知识和你的理解制作旅行日记的展示效果，在制作时可以先导入位图并调整大小至合适位置，调整位图的颜色为同一色调，然后为位图添加相应的滤镜，最后转换位图，并添加图形和文本。完成后的效果如图 9-58 所示。

扫一扫

高清大图

图 9-58 旅行日记的展示效果

素材所在位置 素材文件＼项目九＼课后练习＼旅行日记素材
效果所在位置 效果文件＼项目九＼课后练习＼旅行日记 .cdr

（2）打开任意图形文件，对文件进行彩色印刷输出。先结合前面所讲知识将文本转曲，转换图像的 CMYK 模式，然后利用"配备'彩色输出中心'向导"对话框将文件发送到彩色输出中心，最后对该文件进行批量的彩色印刷输出。

（3）对提供的婚纱照素材进行处理。在处理时可以替换天空的颜色，调整颜色平衡度，绘制太阳并将其转换为位图后进行模糊处理，添加渐变透明层，添加文本并将其转换为位图，再导出为 JPG 图片。婚纱照处理前后的对比效果如图 9-59 所示。

扫一扫

高清大图

图 9-59 婚纱照处理前后的对比效果

素材所在位置 素材文件＼项目九＼课后练习＼婚纱照 .jpg
效果所在位置 效果文件＼项目九＼课后练习＼婚纱照 .jpg

项目十

综合实例——VI 设计

情景导入

通过前面的学习，米拉已经掌握了 CorelDRAW X8 的大部分操作方法，但还需要多加练习，才能融汇贯通。

老洪告诉米拉可以先做一套企业 VI 设计，通过制作熟悉软件操作，还能了解一些 VI 设计知识。

学习目标

● 设计企业 Logo	● 设计企业文化用品
● 设计水杯系列	● 设计服装视觉

素质目标

善于学习和借鉴，推动创新思维，提高团队协作和沟通交流的能力。

案例展示

▲ 设计企业 Logo

▲ 设计服装视觉

任务一　设计企业 Logo

一、任务目标

本任务将练习用 CorelDRAW 制作 VI 设计系统中的企业 Logo，它是表明事物特征的记号，以显著且易识别的物象、图形或文本符号进行直观表现，要求有简洁明了的图形、强烈的视觉刺激效果，能给人留下深刻的印象。在制作时可以先新建文档，然后根据需要利用各种绘图工具制作企业 Logo。本任务制作完成后的最终效果如图 10-1 所示。

扫一扫

高清大图

图 10-1　企业 Logo 效果

效果所在位置　效果文件 \ 项目十 \ 任务一 \ 设计企业 Logo.cdr

二、任务思路

Logo 设计是企业 VI 设计中的重要组成部分，在制作之前，首先需要认真确认客户的要求，然后可以在纸上绘制出大致的创意图形，最后根据要求在 CorelDRAW 中将其绘制出来。

> 知识
> 提示
>
> ### Logo 设计注意事项
>
> 　　一般来说，在设计 Logo 时，所包含的内容包括 Logo 及其创意说明、标志墨稿、标志反白效果图、标志的标准化制图、方格坐标制图、预留空间、最小比例限定、特定效果色展示（标准色）。

三、操作步骤

（1）新建一个 A4 的空白图像文件，设置页面方向为横向。

（2）选择矩形工具▢，绘制一个矩形，按【Ctrl+Q】组合键将其转曲，填充为土黄色（R:122,G:81,B:50），取消轮廓，如图 10-2 所示。

（3）选择形状工具👆，对矩形下方线段进行编辑，得到梯形曲线效果，如图 10-3 所示。

（4）选择椭圆形工具〇，在图形上方绘制一个椭圆形，填

微课视频

设计企业 Logo

充为相同的颜色，然后在属性栏中设置轮廓宽度为 0.5mm，颜色为较深一些的土黄色（R:98,G:74,B:47），如图 10-4 所示。

图 10-2　绘制矩形

图 10-3　梯形曲线效果

图 10-4　绘制椭圆形

（5）选择贝塞尔工具，在杯身中绘制 3 条曲线，在属性栏中设置轮廓宽度为 0.25mm，填充为白色，如图 10-5 所示。

（6）使用贝塞尔工具和形状工具，绘制出一个卡通手图形，作为杯子的杯柄图形，填充为土黄色（C:55,M:73,Y:98,K:24），轮廓为白色，如图 10-6 所示。

（7）选择文本工具，在杯子右上方输入文本，并设置合适的字体，填充为土黄色（C:55,M:73,Y:98,K:24），如图 10-7 所示。

图 10-5　绘制曲线　　　　　图 10-6　绘制卡通手图形　　　　　图 10-7　输入文本

（8）选择矩形工具，绘制多个不同大小的矩形，分别调整旋转角度，拼凑成文本，如图 10-8 所示。

（9）选择椭圆形工具，绘制一大一小两个圆形，填充为土黄色（C:55,M:73,Y:98,K:24）和白色，如图 10-9 所示。

图 10-8　拼凑文本图形

图 10-9　绘制圆形

（10）选择绘制的两个圆形，单击属性栏中的"移除前面对象"按钮，得到修剪的图形，然后制作一个相同的对象，分别与"加""非"进行组合，如图 10-10 所示。

（11）将制作好的文本与标志图形组合在一起，得到一个完整的标志组，如图 10-11 所示。

图 10-10　复制和排列对象

图 10-11　组合对象

（12）转曲标志中的文本，绘制白色和黑色的背景，为标志分别填充黑色、白色，再群组各个标志，效果如图 10-12 所示。保存文件，完成本任务的制作。

图 10-12　群组各个标志的效果

任务二　设计水杯系列

一、任务目标

本任务将用 CorelDRAW 制作 VI 系统中的水杯系列，包括一次性纸杯、瓷杯两种类型的水杯，以及对包装袋进行设计。在制作时可以先新建文档，然后根据需要利用绘图工具制作水杯外观，再添加标志图形。通过本任务的学习，读者可以掌握 CorelDRAW 中各种渐变填充、网状填充、制作阴影等知识。本任务制作完成后的最终效果如图 10-13 所示。

扫一扫

高清大图

素材所在位置　素材文件＼项目十＼任务二＼刀叉 .cdr

效果所在位置　效果文件＼项目十＼任务二＼水杯系列 .cdr

图 10-13　水杯系列应用效果

二、任务思路

水杯是日常生活与工作中常见的工具。在制作之前，首先需要对水杯的材质、外形等进行设计，然后绘制水杯，最后根据要求添加企业 Logo。

> **知识提示**
>
> **注意水杯的用途**
>
> 水杯的材质不同，其用途也有所不同，如一次性纸杯多用于提供给普通客户使用，而瓷杯一般是企业人员使用。

三、操作步骤

（1）新建一个 A4 的空白图像文件，使用贝塞尔工具 📝 绘制一个四边形，然后使用形状工具 🔧 对其进行编辑，得到瓷杯的基本造型，如图 10-14 所示。

（2）选择椭圆形工具 ⭕，在杯身上方绘制一个椭圆形，为其应用线性渐变填充，设置颜色为不同深浅的灰色（C:0,M:0,Y:0,K:59、C:25,M:20,Y:20,K:0、C:49,M:42,Y:38,K:0），并取消轮廓，如图 10-15 所示。

（3）使用网状填充工具 🔧 选择杯身图形，分别在其中添加节点，调整网格曲线，如图 10-16 所示。

微课视频

设计水杯系列

图 10-14　瓷杯的基本造型　　图 10-15　绘制椭圆形并填充颜色　　图 10-16　添加节点并调整网格曲线

（4）选择调色板中的 40% 黑色，将该颜色拖动到网格最右侧方块中，再选择 20% 黑色，将该颜色拖动到中间的网格中。使用相同的方式，分别选择不同深浅的黑色，将颜色拖动到网格中，得到杯子填充效果，如图 10-17 所示。

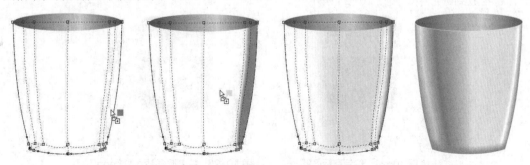

图 10-17　分别拖动颜色填充网格

（5）选择椭圆形工具 ⭕，在杯口再绘制两个不同大小的圆形，通过修剪得到杯弦，并为其应用 30% 黑色到白色的线性渐变填充，如图 10-18 所示。

（6）选择钢笔工具 ，绘制瓷杯杯柄的大致轮廓，然后对其应用椭圆形渐变填充，设置颜色为不同深浅的灰色，如图 10-19 所示。

（7）复制"企业 Logo.cdr"文件中的图形到相应位置，缩放其大小，如图 10-20 所示。完成瓷杯的制作。

图 10-18　绘制杯弦　　　　图 10-19　绘制杯柄　　　　图 10-20　添加 Logo

（8）使用贝塞尔工具 和形状工具 ，绘制纸杯的杯体图形，设置颜色为灰色（C:9,M:7,Y:6,K:0）、白色和深灰色（C:17,M:12,Y:11,K:0），取消轮廓，如图 10-21 所示。

（9）选择钢笔工具 ，在纸杯上方绘制杯盖图形，分别填充为土黄色（C:63,M:64,Y:60,K:9）和白色，如图 10-22 所示。然后绘制一个它的阴影图形，填充为 30% 黑色，如图 10-23 所示。

图 10-21　绘制纸杯　　　　图 10-22　绘制并填充杯盖　　　　图 10-23　绘制阴影

（10）选择矩形工具 ，在纸杯中绘制一个四边形，作为商标区域，填充为淡黄色（C:24,M:36,Y:50,K:0），如图 10-24 所示。然后绘制一个白色圆形，复制"企业 Logo.cdr"文件中的图形，将其放到圆形中，如图 10-25 所示。

图 10-24　绘制商标区域　　　　图 10-25　绘制圆形并添加 Logo

（11）使用多边形工具 绘制一个四边形，填充为浅黄色（C:24,M:36,Y:50,K:0），再使用贝塞尔工具 绘制其中的手提图形。然后选择这两个图形，单击属性栏中的"移除前面对象"

按钮，得到包装袋外形，如图 10-26 所示。

（12）在包装袋下方绘制多个阴影图形，为其应用线性渐变填充，设置颜色为从浅黄色（C:24,M:36,Y:50,K:0）到白色，如图 10-27 所示。

（13）选择透明度工具，在属性栏中分别为阴影图形应用均匀透明度效果，选择合并模式为"乘"，然后在包装袋中间绘制一个白色圆形，并复制"企业 Logo.cdr"文件中的图形，将其放到圆形中，如图 10-28 所示。

图 10-26　绘制包装袋　　　　图 10-27　绘制阴影　　　　图 10-28　绘制圆形并添加 Logo

（14）选择矩形工具，绘制一个矩形，填充为 20% 黑色，然后将制作好的包装袋、瓷杯和纸杯都放到相应的位置，如图 10-29 所示。

（15）选择椭圆形工具，在包装袋下方绘制一个椭圆形，对其应用椭圆形渐变填充，设置颜色为从 70% 黑色到白色，然后复制两次对象，放到纸杯和瓷杯下方，调整到合适的大小，如图 10-30 所示。

（16）打开"刀叉 .cdr"文件，将其复制，放到画面右下方，如图 10-31 所示。完成本任务的制作。

图 10-29　绘制矩形　　　　图 10-30　绘制投影　　　　图 10-31　添加刀叉

任务三　设计企业文化用品

一、任务目标

本任务将练习用 CorelDRAW 制作 VI 设计系统中的企业文化用品。企业文化用品种类丰富，本任务主要对其中的名片、信封、便签纸进行设计，在制作时可先新建文件绘制办公纸品，然后根据需要应用制作的企业 Logo。通过本任务的学习，读者可掌握 CorelDRAW

中绘图工具、阴影工具🔲、文本工具字等的综合运用方法。本任务制作完成后的最终效果如图 10-32 所示。

图 10-32 企业文化用品效果

素材所在位置 素材文件 \ 项目十 \ 任务三 \ 写字板 .cdr、夹子 .cdr
效果所在位置 效果文件 \ 项目十 \ 任务三 \ 企业文化用品 .cdr

二、任务思路

企业文化用品是办公用品的一部分，在制作之前，可在网上搜索一些优秀的模板，再结合企业 Logo，对整体风格进行构思，最后根据要求在 CorelDRAW 中将其绘制出来。

知识提示

VI 设计主要内容

VI 设计内容主要有信封、信纸、便笺、公函、名牌、胸卡、凭单、公文封、公文夹、合同、卡片、请柬、工作证、备忘录、票据等，不同企业和品牌的 VI，所设计的具体内容也有所不同。

三、操作步骤

（1）新建一个 A4 的空白图像文件，选择矩形工具🔲，绘制一个矩形，填充为淡黄色（C:0,M:4,Y:4,K:11）；再使用贝塞尔工具✏️绘制信封中的折页图形，填充为土黄色（C:0,M:20,Y:20,K:60），取消轮廓，如图 10-33 所示。

（2）在信封中沿折页图形边缘绘制一个白色图形，如图 10-34 所示。

设计企业文化用品

图 10-33 绘制信封

图 10-34 绘制白色图形

（3）选择透明度工具▧，为白色图形应用均匀透明度效果，设置透明度为 40，然后使用钢笔工具🖋在边缘绘制两条较细的线条，分别填充为白色和 20% 黑色，如图 10-35 所示。

（4）复制绘制的折页图形，单击属性栏中的"垂直镜像"按钮🔄，得到翻转的对象，调整至合适的位置，如图 10-36 所示。

图 10-35　填充颜色

图 10-36　复制对象并调整位置

（5）选择椭圆形工具◯绘制一个白色圆形，然后复制"企业 Logo.cdr"文件中图形，缩放到合适大小后将其放在相应位置，如图 10-37 所示。

（6）组合信封所有对象，使用阴影工具▢为其创建阴影效果，如图 10-38 所示。

图 10-37　制作信封标签

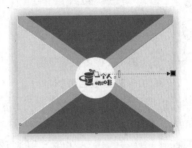

图 10-38　创建阴影效果

（7）选择矩形工具▢绘制一个矩形，填充为淡黄色（C:0,M:4,Y:4,K:11），然后复制"企业 Logo.cdr"文件中的图形到其中，并缩放到适当大小。在其下方绘制白色线条与矩形块，使用调和工具▨为矩形块创建调和效果，在属性栏中调整调和步长值，效果如图 10-39 所示。

（8）组合调和矩形与直线，使用透明度工具▧从左向右拖动鼠标创建渐变透明效果，如图 10-40 所示

图 10-39　调和矩形

图 10-40　创建渐变透明效果

（9）使用阴影工具▢为其创建阴影效果，如图 10-41 所示。然后复制对象，改变矩形为白色，再调整 Logo 的大小和位置，输入名片中的文本，如图 10-42 所示。

图 10-41 创建阴影效果

图 10-42 输入文本

（10）为名片正面图添加投影。选择矩形工具□绘制一个矩形，填充为 15% 黑色，将制作好的图形分别放入其中，如图 10-43 所示。

（11）打开"写字板 .cdr"文件，将其复制放到灰色矩形左侧。使用矩形工具□在手写板中绘制一个矩形，填充为橘黄色（C:38,M:64,Y:93,K:1），如图 10-44 所示。

图 10-43 调整各图形位置

图 10-44 填充手写板

（12）为矩形应用均匀透明度，并设置合并模式为"乘"。按小键盘上的【+】键复制对象，略微向左上方移动，填充为淡黄色（C:0,M:4,Y:4,K:11），如图 10-45 所示。

（13）打开"夹子 .cdr"文件，复制该图形并将其放到手写板上方，然后复制 Logo 并将其放到相应位置，在下方输入文本，最后复制 Logo 中的文本并将其分别放到纸张中和笔中，适当调整文本大小和透明度，完成效果如图 10-46 所示。完成本任务的制作。

图 10-45 复制对象

图 10-46 完成效果

任务四　设计服装视觉

一、任务目标

本任务将练习用 CorelDRAW 设计 VI 设计系统中的服装视觉，包括服装、围裙、帽子、吊牌。在制作时可以先新建文档，再导入服装图片，然后进行"贴牌"处理，最后根据需要绘制其他物件。通过本任务的学习，读者可以掌握 CorelDRAW 中绘图工具、阴影工具 🖾 等工具的综合运用方法。本任务制作完成后的最终效果如图 10-47 所示。

扫一扫
高清大图

图 10-47 服装视觉效果

素材所在位置	素材文件\项目十\任务四\服装 .cdr、帽子 .cdr
效果所在位置	效果文件\项目十\任务四\服装视觉 .cdr

二、任务思路

服装视觉设计是 VI 设计的组成部分，在制作前，可以直接导入服装图片进行贴牌处理，然后绘制一些帽子、吊牌等小物件，并应用设计好的 Logo。

三、操作步骤

（1）新建一个文件，将其保存为"服装视觉 .cdr"。

（2）打开"服装 .cdr"文件，将其复制，调整至合适大小，然后使用阴影工具 🖾 创建阴影效果，再通过属性栏调整阴影羽化值与阴影不透明度值，如图 10-48 所示。

（3）复制"企业 Logo.cdr"文件中的图形，缩放到适当大小，并将其放到衣服胸口位置，如图 10-49 所示。

微课视频
设计服装视觉

图 10-48 创建阴影效果   图 10-49 添加 Logo

（4）使用贝塞尔工具 和形状工具 绘制出围裙，填充为土黄色（C:55,M:73,Y:98,K:24），如图 10-50 所示。

（5）绘制围裙的内部图形，并为其应用线性渐变填充，设置颜色为从白色到 20% 黑色，如图 10-51 所示。

（6）分别绘制出围裙的口袋和绳子图形，填充与围裙底色相同的颜色，如图 10-52 所示。

（7）组合围裙对象，并为其添加投影，如图 10-53 所示。

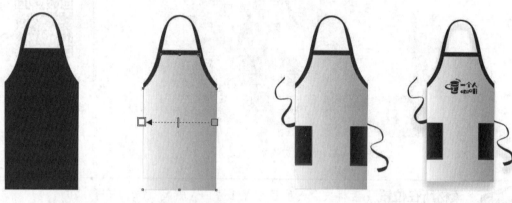

图 10-50　绘制围裙　　图 10-51　添加线性渐变填充　　图 10-52　绘制口袋和绳子图形　　图 10-53　添加投影

（8）打开"帽子 .cdr"文件，将其复制，并为其制作投影，如图 10-54 所示。复制"企业 Logo.cdr"文件中的图形，适当调整大小，将其放到帽檐中，如图 10-55 所示。

（9）使用矩形工具 和贝塞尔工具 绘制吊牌图形，填充为淡黄色（C:0,M:4,Y:4,K:11），将吊绳图形填充为黑色。在第一枚吊牌图形下方绘制一个矩形，填充为土黄色（C:0,M:20,Y:20,K:60），取消轮廓。复制"企业 Logo.cdr"文件中的图形，将其放到吊牌图形中，分别群组吊牌图形，如图 10-56 所示。

图 10-54　制作投影　　　　图 10-55　添加 Logo　　　　　　图 10-56　制作吊牌

（10）使用阴影工具 分别为其创建阴影效果，然后绘制一个较大的灰色矩形作为背景，将制作好的图形放到矩形中，保存文件，完成效果如图 10-57 所示。完成本任务的制作。

图 10-57　完成效果

实训一　设计工作室 VI

【实训要求】

本实训要求设计工作室 VI，其中包括吊牌、包装袋、包装纸盒，以及名片的设计。本实训的参考效果如图 10-58 所示。

【实训思路】

根据实训要求，可先设计 VI 标志，再绘制包装图形，并将标志应用到包装中，最后保存文件，完成制作。

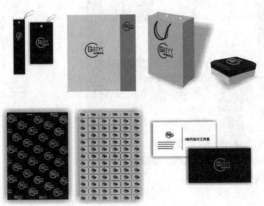

图 10-58　工作室 VI 效果

 效果所在位置　效果文件 \ 项目十 \ 实训一 \ 设计工作室 VI.cdr

【步骤提示】

（1）新建横向文件，将其保存为"设计工作室 VI.cdr"。

（2）选择文本工具 字 输入文本，将文本转曲后调整文本外观。制作标志图形，调整后合并标志图形与文本，将其填充为黑色。

（3）使用钢笔工具 、填充工具 绘制并填充吊牌、包装纸盒、名片等图形，为其应用标志图形，对部分标志图形可以使用封套工具 编辑并查看其效果。

（4）在制作包装纸盒时可使用复制、移动、图框精确裁剪等操作来实现。

（5）在名片上输入相应文本并设置文本属性，分别群组各图形，再使用阴影工具 创建阴影效果，使用透明度工具 创建倒影效果，完成制作。

实训二　设计花卉展 VI

【实训要求】

本实训要求设计花卉展 VI，其中的 VI 设计内容包括标志、名片、光盘、信封和信纸等。

本实训的参考效果如图 10-59 所示。

扫一扫

高清大图

图 10-59 花卉展 VI 效果

【实训思路】

根据实训要求，可先设计 VI 标志和花卉图样，再绘制封面、名片、光盘、信封等图形，并将标志和花卉图样应用到图形中，最后制作阴影和背景。

素材所在位置 素材文件 \ 项目十 \ 实训二 \ 花卉 .cdr
效果所在位置 效果文件 \ 项目十 \ 实训二 \ 花卉展 VI 设计 .cdr

【步骤提示】

（1）新建文件，将其保存为"花卉展 VI 设计 .cdr"。

（2）使用钢笔工具 、填充工具 制作标志图形，取消轮廓，填充为橙色（C:0,M:60,Y:100,K:0）。使用文本工具 在下方输入文本，将文本转曲后调整文本外观，制作标志图形。

（3）绘制封面、名片、光盘、信封等图形。

（4）打开"花卉 .cdr"文件，复制对象，将其进行旋转并裁剪到绘制的封面、名片、光盘、信封等图形中，再将标志图形应用到图形中。

微课视频

设计花卉展 VI

（5）分别群组各图形，使用阴影工具 创建阴影效果，使用透明度工具 创建灰色渐变背景（C:0,M:0,Y:0,K:80、C:0,M:0,Y:0,K:51），完成制作后保存文件。

常见疑难解析

问：使用什么软件制作标志图形比较好呢?

答：最好使用矢量图绘制软件，如 CorelDRAW、Illustrator 等，它们生成的矢量格式文件在应用上很方便，对其放大或缩小不会影响效果。

问：在设计广告宣传资料时，需要重点注意什么？

答：在设计前，设计者需要了解客户的宣传意图和方式，对整个版面有大致的规划，包括色调和版式等，充分准备后，才能设计出更符合客户要求的作品。

问：VI 设计具体包含哪些系统？

答：常见的 VI 设计系统包括办公用品、企业外部建筑环境、交通工具、服装服饰、广告媒体、产品包装、公务礼品、陈列展示、印刷品等。

拓展知识

标志是现代经济的产物，是企业的无形资产，也是企业综合信息传递的媒介。标志在企业形象宣传过程中，应用非常广泛、出现频率非常高，同时是企业日常经营活动、广告宣传、文化建设、对外交流必不可少的元素。通过标志可以看出企业强大的整体实力和完善的管理机制，具有法律性的标志还具有维护权益的特殊作用。

标志具有以下几种特性，下面对其进行简单介绍。

- **识别性**：识别性是企业标志的重要特性之一。在当今的市场经济体制下，只有特点鲜明、容易辨认和记忆、含义深刻、造型优美的标志，才能在同行中凸显出来。由于标志直接关系到个人、企业的根本利益，其绝不能雷同、混淆，以免造成误解。因此标志必须特征鲜明，具有很强的可识别性。

- **显著性**：显著性是标志的又一重要特性。要想引起人们的关注，最好做到色彩强烈、醒目、图形简练清晰，并且和企业之间具有良好的融通性，让人一看到标志即可联想到该企业。

- **多样性**：标志的用途各有不同，表现方式也很多，从其应用形式、构成形式、表现手段来看都有着多样性。标志的应用形式包括平面的和立体的（如浮雕等），在设计时应根据不同的需要选择不同的应用形式。

- **艺术性**：在设计标志的时候，除了需要体现企业精神外，还需具有一定程度的艺术性，这样既符合实用要求，又符合美学原则，给人以美感。艺术性强的标志更能吸引和感染人，给人以深刻的印象。

- **准确性**：标志要有寓意或象征，其含义必须准确、易懂，要能符合人们的认识心理和认识能力。另外，准确性也是非常重要的，应尽量避免多解或误解，能让人在极短时间内准确无误地领会其意义。

课后练习

（1）设计一本具体中国传统文化风格的画册，页数为 12 页（包括封面和封底），尺寸为 210mm×210mm，加上出血区域则为 216mm×216mm。在制作时需要注意，新建图形文件后，首先设置页面大小和辅助线；然后新建页面，使用绘图工具和素材图形制作画册的封面和封底；接着输入文本并设置文本属性；最后在各个页面中添加相应的装饰图形，整个页面布局大方、版式美观。完成后的效果如图 10-60 所示。

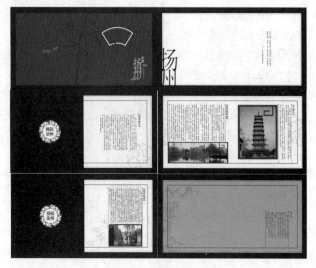

图 10-60　画册效果

素材所在位置　素材文件＼项目十＼课后练习＼画册素材
效果所在位置　效果文件＼项目十＼课后练习＼画册 .cdr

（2）制作音乐活动海报。在制作时需注意，通过旋转三角形可以制作放射背景效果，然后为背景添加辐射渐变透明效果，再将旋转图形和调和直线裁剪到背景中，最后输入文本并添加轮廓图与封套效果。完成后的效果如图 10-61 所示。

图 10-61　音乐活动海报效果

素材所在位置　素材文件＼项目十＼课后练习＼图标 .cdr
效果所在位置　效果文件＼项目十＼课后练习＼音乐活动海报 .cdr